DIE BEDEUTUNG DER KÄLTEINDUSTRIE FÜR DIE LEBENSMITTELVERSORGUNG DER GROSS=STADT

VON

WILHELM SCHIPPER
DIPLOM=INGENIEUR

MÜNCHEN UND BERLIN 1925

DRUCK UND VERLAG VON R. OLDENBOURG

Vorwort.

Die vorliegende Abhandlung entstand auf Veranlassung des Herrn Professor Dr. Edgar Salin in Heidelberg.

Da das deutsche Reich in diesem Jahre zum ersten Male wieder seit dem Spruch von Versailles mit anderen Staaten auf Grund freier Vereinbarung Handelsverträge abschließt, schien es wünschenswert, die Aufmerksamkeit auf solche Industrien zu lenken, welche über die nationalen Grenzen hinausgreifen und eine Verbindung der einzelnen Volkswirtschaften herstellen. Unter diesem Gesichtspunkt ist die vorliegende Schrift verfaßt worden, denn es wird sich zeigen, daß die Kälteindustrie die Lebensmittelversorgung der Großstadt erst leisten kann, wenn ihr uneingeschränkt die Güter des Weltmarktes zur Verfügung stehen.

Herrn Prof. Dr. E. Salin spreche ich meinen Dank aus für die Förderung und Unterstützung, die er mir bei der Abfassung dieser Schrift zuteil werden ließ. Desgleichen danke ich all denen, die mich mit ihrem fachkundigen Rat unterstützt haben.

Heidelberg am Neckar, im März 1925.

W. Schipper.

Inhaltsverzeichnis.

A. Einleitung:

Entwicklung der städtischen Marktverhältnisse.

1. Notwendigkeit die Nahrungsmittel zu konservieren.

Fürstliche Eroberungslust und kirchliche Missionstätigkeit waren in vielen Fällen der erste Anstoß zur Gründung der mittelalterlichen Stadt. Im Schatten der Burg oder Kathedrale bahnte sich der Tauschverkehr zwischen dem wandernden Händler und der eingesessenen Bevölkerung an. Der rege Verkehr führte bald dazu, diese Plätze mit einem besonderen Marktprivilegium auszustatten und so ihre raschere Entwicklung vor den anderen weniger bevorzugten Siedelungsstätten einzuleiten. Waren diese Gründungen mehr oder minder von der Laune des Zufalls abhängig, so förderten seit dem 12. Jahrhundert die Fürsten systematisch die Anlage solcher Orte, denn mit der Entfaltung ihrer grundherrlichen Besitztümer, denen die benachbarten Märkte ein günstiges Absatzfeld boten, war eine achtenswerte Hebung ihrer Hausmacht verbunden. Die Staufen in Schwaben und Elsaß, die Wettiner und Askanier in der Mark Meißen und Brandenburg und Heinrich der Löwe mit Adolf von Schaumburg in Norddeutschland riefen Städte wie Hagenau, Rothenburg ob der Tauber, Dresden, Leipzig, Berlin, Brandenburg, Stendal, Hamburg und Lübeck zur Festigung und Erweiterung ihrer Herrschaft ins Leben. An das Emporkommen von Lübeck knüpft die letzte große Gründungsepoche des Mittelalters, die Handelsgründungen der Hansa, an. Längs der Küste der Ostsee bis weit in die slavischen Länder hinein entstanden die deutschen Handelsplätze. Wismar, Rostock, Stralsund, Riga und Reval sind die Wahrzeichen dieser heldenhaften Handelsorganisation. Wie im Norden der Deutsche Orden seine Kräfte gleichzeitig dieser Bewegung dienstbar machte, so trugen auch im Süden die Stammesherzöge an der großen Völkerstraße der Donau deutsche Eigenart nach dem Osten vor. Heinrich der Löwe als Herzog von Bayern gründete 1158 München. Seine Nachbarn die Babenberger waren in der neuen Ostmark des Reiches mit ihren Gründungen von Enns, Linz und Wien in der gleichen Richtung tätig. Das Hinsinken

des römischen Kaisertums deutscher Nation brachte auch diese jugend-
liche Expansivkraft des Deutschtums zum Erlöschen; die nachfolgenden
Geschlechter erschöpften sich im Erhalten des Reichsbestandes und
dem Ausbau der übernommenen Gründungen.[1]

Während dieser ganzen Entwicklung hat die mittelalterliche Stadt
die enge Verbundenheit mit dem Grund und Boden nicht verloren.
Alle Städte dieser Zeit weisen einen großen Grundbesitz auf. So hatte
die fränkische Reichsstadt Rothenburg ob der Tauber, welche kaum
6000 Einwohner zählte, ein Landgebiet von 6,5 Quadratmeilen. Die
Ländereien von Ulm umfaßten nicht weniger als 15, die von Nürnberg
sogar 20 Quadratmeilen. Alle Bewohner standen in enger Beziehung
zum Boden. In der Stadt München war der Ackerbau der Haupterwerbs-
zweig der Bürger.[2] Die keinen Ackerbau treibenden Bürger hielten
wenigstens Kühe oder Schweine zum Hausbedarf, denn man erachtete
es für eine Entartung, wenn der Bürgersmann nicht dafür sorgte, „daß
er eigen Hausvieh habe und alles Fleisch und die Milch kaufen müsse".[3]
Selbst in Handelsstädten wie Lübeck, Bremen und Frankfurt gab es
große Kühe-, Schweine- und Schaf-Herden. In Frankfurt a. M. verbot
der Magristrat 1481 die Schweineställe auf der Straßenseite der Häuser
anzubringen.[4] 1475 verbot die Stadt Nürnberg das freie Herumlaufen
der Schweine auf den Straßen der Stadt.[5] Diese ganzen Verhältnisse
zeigen, daß die Stadtbewohner durchweg Selbstversorger aus der eigenen
Hauswirtschaft waren.

Ganz anders gestalteten sich die Verhältnisse in der Zeit des Früh-
und Hoch-Kapitalismus: aus der Konsumentenstadt wurde die Produ-
zentenstadt. Die Tätigkeit der Bürger wandte sich ausschließlich dem
Gewerbe und der Industrie zu, so daß die landwirtschaftliche Beschäftigung allein der Bevölkerung des flachen Landes vorbehalten blieb.
Nach der deutschen Statistik von 1895 waren von der Großstadtbevölkerung 50 Prozent in der Industrie beschäftigt, 21 Prozent fanden ihr
Auskommen im Handel, 9,4 Prozent beanspruchte der öffentliche
Dienst und die freien Berufe, 8,5 Prozent bildeten die Leute ohne Beruf
und endlich 5,1 Prozent fielen auf Bürger, die den verschiedenen Gewerbe-
arten obliegen.[6] Diese Aufzählung zeigt deutlich die große Umwälzung,
die im bürgerlichen Leben stattgefunden hat. Die städtischen Haus-
haltungen sind von den außerhalb der Stadt wohnenden Agrarkreisen
abhängig geworden. Die Nahrungsmittel müssen nun im großen Maßstab

---

[1] Dr. P. Sander, Geschichte des deutschen Städtewesens. Johannes Janssen,
Geschichte des deutschen Volkes.
[2] Maurer, Städteverfassung.
[3] Buch von den Früchten.
[4] Krieg K. Zustände Frankfurts.
[5] Schmoller, Fleischkonsum.
[6] Veröffentlichungen des Statistischen Amtes des Deutschen Reiches vom
Jahre 1895.

in die Stadt hereingeführt werden, um den Städtern überhaupt die Möglichkeit zu ihrem dortigen Aufenthalt zu geben.

Bei der genauen Untersuchung dieses Vorganges kann man die Nahrungsmittel in zwei große Gruppen scheiden. Diese sind einmal die Güter, die in vorwiegend frischem Zustand verbraucht werden müssen, wie das Fleisch der Haustiere, Butter, Eier, Molkereiprodukte und von Pflanzen die wasserhaltigen Gattungen, wie Kartoffeln, Gemüse und Obst. Die Besonderheit der frischen Nahrungsmittel, die einen breiten Raum in der Ernährung einnehmen, besteht zunächst in ihrer Produktion. Sie entstammen Betrieben, die eine intensive und sorgfältige Einzelkultur erfordern. Sodann sind diese Genußmittel nur für sofortige Konsumtion geeignet. Eine zeitliche Trennung von Ernte und Verbrauch bedeutet eine Minderung des Wertes und der Güte, wenn nicht gleich Vernichtung der Gebrauchsfähigkeit. Der Zeitintervall zwischen der Produktion und Konsumtion ist dabei in hohem Maße von den örtlichen klimatischen Verhältnissen abhängig, welche ihn so herabdrücken können, daß nur noch Stunden übrigbleiben. Es ist dies die Zeit, die der Transport zum Heranschaffen an den Verbraucherplatz in Anspruch nehmen darf.

Die zweite Art von Gütern umfaßt die Getreide und Gewürzarten. Bei ihrer Produktion kommt es weniger auf Einzelkulturen an, sondern der Anbau findet in großen Mengen auf weiten Flächen statt und ihr Wachsen und Gedeihen ist allein von der Witterung abhängig. Da der Wassergehalt dieser Früchte gering ist, steht einer längeren Aufbewahrung nichts im Wege, zumal die Lagerung nur trockene, luftige Räume erfordert. Infolgedessen machte der Transport dieser Nahrungsmittelarten keine besonderen Schwierigkeiten. Wenn nötig konnten die Getreide und Gewürze aus weiter Ferne herangeführt werden, wie auch in der Entwicklung der Menschheit früh solche Verhältnisse bekannt geworden sind. Rom war schon sehr bald auf die Einfuhr des Brotgetreides aus Sizilien, der sogenannten „Kornkammer Roms" und aus Afrika angewiesen. Nach der Völkerwanderung und im Mittelalter gab es nur ganz wenige Städte, z. B. Venedig, die zu ihrer Getreideversorgung solche Transporte notwendig hatten.

Die Versorgung der Stadt mit Lebensmitteln spielte sich bis in die neueste Zeit in ähnlichen Formen ab, wie sie uns Johann Heinrich von Thünen in seiner Schrift der „Isolierte Staat" gezeigt hat. Thünens isolierter Staat ist freilich eine Fiktion, denn es werden Voraussetzungen gemacht, die in Wirklichkeit nicht existieren, trotzdem behalten seine Darlegungen ihre Bedeutung, da er uns als erster in klassischer Klarheit das innerste Wesen der landwirtschaftlichen Produktion vor Augen führt. Ein ebenes kreisrundes Gebiet von gleicher Fruchtbarkeit und konstanter Bevölkerung, durch eine undurchdringliche Wildnis an den Grenzen abgeschlossen, bildet das Fundament für sein System. Im

Mittelpunkt dieser Fläche befindet sich eine Stadt als einziger Markt,
auf dem die industriellen Erzeugnisse der Stadtbevölkerung gegen die
landwirtschaftlichen Produkte ausgetauscht werden. Die Preise für die
Agrarprodukte müssen unter dieser Voraussetzung in dem ganzen Gebiet
die gleichen wie in der Stadt sein, nachdem die Kosten für den Transport, der nur per Achse bewerkstelligt wird, abgezogen sind. Dieser
Abzug wächst mit der Entfernung vom Markt ständig an, so daß sich
der Gewinn für das gleiche Erzeugnis in demselben Maße, wie die Entfernung wächst, verringert. Der Preis aller Marktartikel setzt sich somit
aus den Produktions- und Transport-Kosten zusammen, welche ihrer-
seits wieder den günstigsten Standpunkt für die Erzeugung festlegen.
Auf diese Weise bilden sich um die Stadt konzentrische Ringe, in denen
eine bestimmte Wirtschaftsmethode jeweils den größten Erfolg ver-
spricht. Die Wirtschaft muß mit wachsender Entfernung vom Zentral-
markt immer extensiver werden, daher baut sich das Schema einer
solchen von allen modifizierten Nebenumständen befreiten Wirtschaft
wie folgt auf. Innerhalb des ersten Kreises, welcher unmittelbar an die
Stadt anschließt, hat die freie Wirtschaft mit Garten und Gemüsebau
ihren Standort. Dann folgt im zweiten Kreise Forstwirtschaft, welche
die Stadt mit Bauholz und Feuerungsmaterial zu versorgen hat. Im
dritten bis fünften Kreise finden wir die verschiedenen landwirtschaftlichen Systeme, wie Fruchtwechselwirtschaft, Koppelwirtschaft und
Dreifelderwirtschaft, angeordnet. Im 6. Kreise ist die Viehzucht hei-
misch, welche an ihren äußeren Grenzen in den letzten Ring, das Jagd-
gebiet übergeht. Durch die Verbesserung der Verkehrsverhältnisse,
die Anlage von Kanälen, die Schiffbarmachung der Flüsse und die
Aufschließung der Landschaft mit Eisenbahnen wurde das Gebiet
für die einzelnen Kreise bedeutend erweitert, so daß die Produktion,
in der Wahl ihres Standortes freier geworden, weniger an die Nähe des
Konsumtionsortes gebunden blieb. Immerhin hat die Trennung von
Erzeuger- und Verbraucher-Stelle auch unter den veränderten Verhältnissen ihre einschränkende Wirkung für die Versorgung der Stadt
behalten, so daß Thünens Hinweis auf die Wichtigkeit der Transport-
kosten und Transportzeit für die Marktgestaltung auch heute noch
seine Bedeutung hat.

Die Schwierigkeiten machten sich besonders bei der ersten Art
der Nahrungsmittel geltend. Bei den transportfähigen Gütern, wie
Getreide und Gewürzen, fand, wie schon erwähnt, frühzeitig eine Tei-
lung in örtlich weit getrennte Produktions- und Konsumtionsländer
statt. Schiff- und Bahntransport bewältigten leicht die vom Großhandel,
der sich schon bald dieser Zweige der Lebensmittelversorgung bemächtigt
hatte, gestellten Anforderungen. Viel schwieriger waren die Aufgaben,
die der Lösung bei der Heranschaffung der frischen verderblichen Nahrungsmittel harrten. Auch hier war das Einschreiten einer weitgehenden

Organisation notwendig, um die richtige Verteilungsmöglichkeit auf das gesamte Stadtgebiet durchzuführen. Anfangs genügte der Wochen- oder Tagesmarkt, um die Nachfrage der einzelnen Bürger nach den Lebensmitteln des täglichen Bedarfes zu decken. Frühzeitig mußten die Märkte vermehrt und für die richtige Beschickung derselben gesorgt werden. Wir finden auch da den Großhandel den weiteren Ausbau in die Hand nehmen, wodurch allerorts die ersten Ansätze zu den zentralen Markthallen in Erscheinung treten. Es wird der einzelne Produzent, der seine Waren selbst in die Stadt bringt und zum Verkauf ausbietet, immer mehr ausgeschaltet; zwischen den Erzeuger und Verbraucher tritt der Zwischenhändler, dessen Einzelperson bei fortschreitender Organisation in immer mehr Personen aufgelöst wird. Die in die Stadt eingeführten Lebensmittel werden an einer Stelle gesammelt und gestapelt, um von dort an den einzelnen Kleinkaufmann zur Verteilung zu kommen. Die erste Stadt Europas mit einer so zentralisierten Versorgungsquelle war die Stadt Paris. An Stelle der vielen kleinen Markthallen, die zum Teil noch aus der Zeit des Mittelalters stammten, ließ Napoleon I. im Zentrum der Stadt eine Halle ins Leben rufen, worin der gesamte Marktverkehr zentralisiert war. Später wurden die halles centrales mehrfach erweitert, besonders unter der Regierung Napoleon III., so daß der jetzt bebaute Flächenraum etwa 25 600 Quadratmeter beträgt.[1]) Heute ist dieses Pariser Markthallensystem durch die neueren Anlagen anderer Städte bei weitem überholt. Immerhin hat Paris den Ruhm bahnbrechend für alle anderen Bauten dieser Art gewesen zu sein. Als zweite Stadt, welche die Errichtung eines solchen Verkehrsinstitutes in Angriff nahm, folgte London. Im Jahre 1820 bildete sich dort eine Gesellschaft, der man das Recht übertrug, in der City und den angrenzenden Stadtteilen Märkte und Hallen zu errichten. Dem Charakter einer Hafenstadt entsprach es, die Haupthalle so zu bauen, daß die Waren bequem vom Schiff aus herangeschafft werden konnten. In der Folge entwickelten sich diese Gesellschaften in fast allen Großstädten Europas. Verhältnismäßig spät ging man in Deutschland und Österreich zu diesem System über. Heute finden wir auch hier in allen großen Städten Markthallen, die jeglichen Anforderungen des Verkehrs entsprechen. Nach dem europäischen Bilde entwickelte sich in Amerika fast gleichzeitig dieselbe Einrichtung. Aufgebaut auf den Erfahrungen der Alten Welt und ungehemmt durch historisch bedingte Hindernisse, bekamen die Dimensionen dort einen gewaltigeren Umfang, jedoch an technischen Neuerungen und Verbesserungen haben die dortigen Bauten gegen unsere nichts aufzuweisen.

Die größten Schwierigkeiten bereitete die Fleischversorgung der Städte, denn nur lebendes Vieh kam zur Bedarfsdeckung in Frage. Es

---

[1]) Handbuch der Architektur 4. Teil 3. Halbband 2. Heft 2. Auflage Darmstadt 1891 Seite 200 u. folg.

versagte schon frühzeitig das System, wie es den kleinstädtischen Verhältnissen entsprach, bei denen der Metzger den Bauern aufsuchte und das notwendige Vieh selbst einhandelte. Zur Heranschaffung war man einzig auf Bahn und Schiff angewiesen. Der Wirkungsradius für den Schiffstransport war aber äußerst beschränkt, denn einmal setzt er das Vorhandensein einer schiffbaren Wasserstraße voraus, was wohl nur in den wenigsten Fällen zutraf, und dann war die Geschwindigkeit der Beförderung so gering, daß nur eine kleine Entfernung bewältigt werden konnte, wenn der Wert der Ladung keine beträchtliche Minderung erfahren sollte. Auch beim Bahntransport spielte diese letzte Schwierigkeit eine Rolle. Da im allgemeinen die viehzuchttreibenden Gegenden, wie schon Thünen gezeigt hat, in größerer Entfernung von den Städten lagen, so war man gezwungen, dauernd Transporte nach dem Verbraucherort zu unterhalten. Weil einmal die Art des Transportgutes die Beförderung numerisch großer Mengen verbot, und zweitens weil man in den Städten nur ganz kleine Viehmengen in den Ställen unterbringen konnte und nach der Schlachtung das Fleisch sofort abgesetzt werden mußte, — denn die Aufbewahrung im frischen Zustand war so gut wie unmöglich, — entwickelten sich hauptsächlich zur Sommerszeit katastrophale Verhältnisse auf dem Fleischmarkt. Die gleichen Schwierigkeiten stellten sich beim Fischtransport ein. Nur im Winter hatte man die Möglichkeit, die frischen Seefische in die Binnenstädte zu verschicken, im Sommer war die Versorgung mit diesem wichtigen Nahrungsmittel so gut wie ausgeschlossen. Selbst das Heranbringen der Süßwasserfische in gutem und frischen Zustand auf den Markt bereitete bedeutende Schwierigkeiten. Mit Butter und anderen Fett enthaltenden Stoffen ging es ganz ähnlich, auch diese waren auf dem Transport dem Verderben ausgesetzt. Andererseits stieg der Bedarf der Städte immer mehr. Neben dem schon erwähnten Anwachsen der Stadtbevölkerung, hob sich in den einzelnen Familien die Haushaltung. Die Entwicklung der letzten 100 Jahre brachte es mit sich, daß das Geld flüssiger wurde und leichter in der Wirtschaft zirkulierte. Die Folge war eine größere Aufwandserscheinung für den täglichen Bedarf. Dieses machte sich sofort in den Bedürfnissen der einzelnen Bürger bemerkbar. Die Nachfrage nach bestimmten hochwertigen Lebensmitteln, wie Fleisch, Butter Milch etc. stieg proportional an. Die geforderten Mengen in die Städte schaffen zu können, mußte man notgedrungen zu Konservierungsmitteln übergehen.

2. Feststellung der erforderlichen Eigenschaften der Konservierungsmethoden.

Ein Nahrungsmittel konservieren heißt den Fäulnisprozeß, welcher durch kleine organische Lebewesen, Bazillen genannt, hervorgerufen wird, hintanzuhalten. Die Bazillen setzen sich auf der Oberfläche des

Lebensmittel fest und verändern durch ihre Wucherungen die Zellen des befallenen Stückes so, daß es für menschlichen Genuß unbrauchbar wird. Da Feuchtigkeit und Wärme das Wachstum der Parasiten hauptsächlich begünstigt, galt es vor allem Mittel zur Beseitigung dieser Erscheinungen zu finden. Die einfachste und natürlichste Methode war das Trocknen; schon bei den primitiven Völkern im Gebrauch hat es sich bis auf den heutigen Tag erhalten. Mit fortschreitender Kultur lernte man jedoch bessere Konservierungsmittel: wie den Rauch, das Salz und das Öl, kennen. Besonders für Fische konnte letzteres in weitgehendstem Maße Anwendung finden. An den Küsten entstanden große Unternehmungen, welche die Fänge der Seefischerei auf diese Art leicht und gut in ein verhältnismäßig dauerhaftes Nahrungsmittel umwandelten. Bei Fleischprodukten hatte die Trocknung nur geringen Erfolg, da im allgemeinen die künstliche Entziehung der Feuchtigkeit die Zellen und Gewebe für eine spätere Wasseraufnahme unfähig machte, wodurch das Endprodukt zäh und ungenießbar blieb. Das Salzen und Räuchern war schon eher brauchbar, aber all diese Methoden hatten einen Nachteil, sie schufen ein neues Nahrungsmittel — Struktur, Eigenschaft und Geschmack wurden vollkommen geändert. An und für sich wäre das nicht schlimm gewesen, aber als großes Hemmnis für die allgemeine Einführung dieser Methoden beobachtete man, daß der menschliche Körper nur ganz geringe Mengen solcher Nahrung aufnehmen kann. Es treten bei dauerndem Genuß so präparierter Lebensmittel Krankheiten wie Skorbut usw. auf. Damit war von vornherein die Möglichkeit genommen, die allgemeine Volksernährung, und zwar gerade die der arbeitenden Schichten, darauf aufzubauen. Für pflanzliche Erzeugnisse kamen diese Erhaltungsmittel schon gar nicht in Betracht, denn die feinen Gewebe der Pflanzen halten so gewaltsame Eingriffe erst recht nicht aus. Die Erinnerung an die Dörr- und Salzgemüse der Kriegszeit dient zum Beweis. Zur Lösung der immer dringender werdenden Versorgungsnot der Großstädte blieb nur noch ein Mittel, das auch schon vom Altertum her bekannt war, die Kühlung übrig.

Die Kälte wirkt direkt gegen den Fäulniserreger, indem sie ihm selbst die Lebensbedingungen entzieht und dies nicht wie die vorhererwähnten Erhaltungsarten auf dem Umweg der Strukturänderung des Lebensmittels erreicht. Jeder Organismus bedarf für seine Existenz einer bestimmten Temperatur und größere Abweichungen von ihr ertöten das Leben. Temperaturen unter dem Nullpunkt unserer Skala haben regelmäßig eine Unterbindung der Lebensbetätigung der Bazillen im Gefolge. Die einfachste Lösung war also die Nahrungsmittel in einem mit Eis gekühlten Raum aufzubewahren. Das Eis aber ein Körper, der bei den gewöhnlich herrschenden Temperaturen nicht erzeugbar und haltbar war, kam wegen seines Seltenheitswertes nur im beschränkten Maße zur Verwendung. Man mußte im Winter das Eis

sammeln und in Kellern aufheben, um im Sommer über die genügende
Menge verfügen zu können. Es liegt auf der Hand, daß bei dieser Ge-
winnungsart die Kühlung nur ganz geringe Bedeutung erlangte. Weiterhin war man vollkommen von der Witterung abhängig; konnte in einem
milden Winter der Keller nicht gefüllt werden, dann war in der heißen
Jahreszeit die Kühlung unmöglich. Endlich trat bei dieser Art von
Konservierung eine Vermehrung der Feuchtigkeit ein, die vielfach das
Fleisch oder sonstige Nahrungsmittel nachteilig beeinflußte. Auch
spielte die zufällige Reinheit des Eises eine große Rolle, denn die leicht
verderblichen Nahrungsmittel sind äußerst empfänglich für die Unrein-
heiten des Natureises und einmal davon befallen, scheiden sie dadurch
für den Genuß aus. Damit sich nun die Kühlung als brauchbares Konservierungsmittel erwies, mußten zwei Aufgaben gelöst werden:

1. Man mußte die Kälte auf künstlichem Wege zu billigem Preis
in jeder verfügbaren Menge unabhängig von den Witterungs-
verhältnissen herstellen können.
2. Mußte die Kälte frei von allen schädlichen Bestandteilen sein,
so daß man sie unbedenklich mit den Nahrungsmitteln in Berührung bringen konnte.

Die Lösung dieses Problems gelang in den sechziger und siebenziger
Jahren des vorigen Jahrhunderts.

Es soll nun in der vorliegenden Abhandlung der Versuch gemacht
werden, zu schildern, wie die Kälteeinrichtungen dazu beigetragen
haben, die Versorgung der Großstadt mit Lebensmitteln zu gewähr-
leisten und zu verbessern.

B. Hauptteil.

Kälteindustrie und Lebensmittelversorgung.

I. Teil: Die technisch physikalischen Grundlagen.

a) Grundgesetze und Entwicklung der Kältemaschine.

. Eine Kältemaschine kann man mit einer Pumpe vergleichen, welche
die Wärme von einem tieferen Temperaturniveau auf ein höheres hebt
und sie dort abfließen läßt. Das Aufnehmen und Abfließen der Wärme
beruht auf den Gesetzen der Strahlung und Leitung von Wärmemengen.
Wenn der zu kühlende Körper sich in einer kälteren Umgebung befindet,
als seine eigene Temperatur beträgt, so wird ein Abströmen der höheren
zur niederen Temperatur stattfinden. Diesen Vorgang des Wärmeaus-
gleiches finden wir überall in der Natur. Man ist in der Lage den Ausgleich
der Temperaturen künstlich zu beeinflußen: zu beschleunigen, zu ver-
langsamen, ja fast ganz zu verhindern. Die Beschleunigung tritt ein, wenn
zwischen die beiden Körper mit verschiedener Temperatur ein Stoff

eingeschaltet wird, der die Wärmemengen gut fortzuleiten imstande ist. Solche Stoffe sind vor allem die Metalle. Eine Verhinderung des Temperaturausgleiches erreicht man, wenn die beiden Temperaturstufen durch Stoffe getrennt werden, welche vermöge ihrer Struktur die Fähigkeit besitzen, das Abströmen der Wärme vom höheren zum tieferen Niveau zu verhindern. Solche Isolierstoffe, sind um einige aus der großen Zahl zu nennen, Holz, Kork, Stoff, Kieselgur und Schlackenwolle. Dieser einfache Vorgang der Leitung bildet das Grundgesetz der ganzen Kältetechnik. Der springende Punkt war es, den Körper zu finden, der in der Maschine bei geringstem Kraftaufwande die größtmöglichste Wärmemenge heben konnte. Derartige Körper, die kurz Kälteträger bezeichnet werden, sind schon seit langer Zeit in großer Zahl bekannt, und ebenso mannigfach sind die Methoden, um die Kälteträger in den zur Wärmeaufnahme geeigneten Zustand zu versetzen.

Eine der ältesten Methoden, Kälte zu erzeugen, ist die Verflüssigung fester Körper durch die Auflösung, die Methode der sog. Kältemischungen. Bei dem Auflösen eines Salzes in Wasser führt die Lösungswärme zur Temperaturerniedrigung, welche zur Kühlung ausgenutzt werden kann. Aus alten Berichten ist uns überliefert, daß man schon im 13. Jahrhundert von dieser Methode Gebrauch machte, so z. B. wendeten die Chinesen in jener Zeit solche Lösungen zur Erreichung tiefer Temperaturen an. Ein Gleiches ist uns von den Arabern bekannt. Zu Beginn der Neuzeit häufen sich dann die Nachrichten über die Anwendung von Salzmischungen. In Neapel soll zum erstenmal als Lösungsmittel nicht mehr Wasser, sondern Schnee und Eis verwandt worden sein. Durch diese Maßnahme erzielte man einen erhöhten Effekt, da nun auch die große Schmelzwärme des Eises zur Verfügung stand. Im 19. Jahrhundert wurden diese Mischungen auf Mischungs- und Gewichtsverhältnisse, sowie auf die Temperatur des Schmelzpunktes genau untersucht. Die tiefste Temperatur, die einwandfrei festgestellt wurde, war — 50 Grad Cel., erreicht durch eine Mischung von trockenem Schnee und kristallisiertem Chlorkalzium. Für die Verwendung in großen Anlagen war diese Art der Kälteerzeugung nicht geeignet, da die Ausgangsmaterialien teils unhandlich, wie das Eis zur Sommerszeit, teils zu teuer, wie das Chlorkalzium, waren. Heute gehört diese Methode vollkommen der Geschichte an.

Ein weiterer Weg zur Kälteerzeugung ist die Entspannung, Expansion von Gasen. Wenn sich gespannte Gase ohne Zu- und Ableitung von Wärme ausdehnen, so verschwindet eine der Ausdehnungsarbeit äquivalente Wärmemenge aus denselben. Es tritt mit der Drucksenkung eine Temperaturverminderung ein. Auf der Grundlage dieses Naturgesetzes ist die Kaltluftmaschine, sogenannt, da als Entspannungsgas fast ausschließlich Luft in Frage kam, aufgebaut. Zum erstenmal wurde im Jahre 1834 von John Gerschel eine derartige Maschine konstruiert. Immer wieder nahmen die Konstrukteure diesen Gedanken auf, um eine brauchbare Maschine auf den Markt zu bringen, so unter anderen 1869 Windhausen, 1873 Giffard, und 1880 Colemann. Größere Verwendung fand der von Golemann verfertigte Maschinentyp, besonders in den angelsächsichen Ländern. Das Ideal einer Kältemaschine war aber noch nicht erreicht, die mangelhafte thermische Wirkungsweise ließ nur einen ganz geringen Wirkungsgrad erzielen. Zur Erreichung eines einigermaßen nennenswerten Kälteeffektes müssen entweder sehr große Maschinen-dimensionen gewählt werden, oder die Anlage muß mit gewaltig hohen Drücken arbeiten, um den Kälteträger auf bedeutend tiefere Tempera-turen zu bringen, als die Kühlraumtemperatur erfordert. Die geringe Wärmemenge, die 1 Kilogramm Luft pro Grad Temperaturunterschied binden kann, zwingt zur Erreichung einer ausreichenden Kühlung zu diesen beiden Maßnahmen, welche sowohl die Anlage- wie Betriebs-Kosten bedeutend erhöhen, so daß ein rationelles Arbeiten ziemlich ausgeschlos-sen ist. Auch im praktischem Betrieb treten unliebsame Störungen, z. B. Vereisen des Expansionscylinders, auf, die einen absolut sicheren Gang der Maschine illusorisch machen. Aus diesen Gründen ist die An-wendung der Kaltluftmaschine beschränkt geblieben.

Die bei weitem wichtigsten Bauarten von Kältemaschinen beruhen auf der Verdampfung. Wenn an heißen Sommertagen die Straßen mit Wasser besprengt werden, so tritt mit dem Verschwinden der Feuchtig-keit eine angenehme Kühle ein. Das Wasser ist zum Teil von der Luft aufgesogen worden, oder, wie es richtiger heißt, verdampft. Dadurch ist die Abkühlung der Luft hervorgerufen, denn sie mußte die zum Prozeß notwendige Wärmemenge liefern. Es ist dies ein Vorgang der schon im Altertum bekannt war; Inder und Ägypter z. B. stellten poröse mit Was-ser gefüllte Tongefäße auf, deren Inhalt sich nach kurzer Zeit bis nahe an den Nullpunkt abgekühlt hat, denn durch die Wandungen der Töpfe drang Wasser nach außen, verdampfte rasch an der trockenen, heißen Luft und ent-zog dem Wasser in dem Gefäß die der Verdunstung entsprechende Wärme-menge. Durch die dauernde Wiederholung dieses Prozesses tritt im Innern des Wasserbehälters eine beachtenswerte Abkühlung ein.

Noch ein zweites Naturgesetz findet bei dieser Art der Kältemaschi-nen seine Anwendung, nämlich die Abhängigkeit des Siedepunktes vom Druckpunkt. Der Siedepunkt bildet die Scheide zwischen dem flüssigen und dampfförmigen Zustand eines Körpers. Es ist allgemein bekannt, daß für einen bestimmten Körper und Druck das Kochen regelmäßig bei derselben Temperatur, so z. B. für Wasser bei 100 Grad Cel. eintritt. Eine Änderung der Temperatur erfolgt, wenn sich der Vorgang bei einem höheren Druck abspielt. Erhitzt man Wasser in einem geschlossenen Behälter, dessen Ventil sich erst bei 2 Atmosphären Innendruck öffnet, so findet der Übergang vom flüssigen zum dampfförmigen Zustand erst bei 121 Grad Cel. statt. Mit der Erfindung der Luftpumpe und des Luft-kompressors war es möglich diese Gesetzmäßigkeit bei fast allen Gasen in den weitesten Grenzen zur Anwendung zu bringen. Die erste Maschine, die durch die Verdampfung leicht flüchtiger Flüssigkeiten Kälte erzeugte, war die im Jahre 1834 erbaute Äthermaschine von Perkins. Nach der gleichen Methode arbeiteten die Maschinen von Tellier und Franz Carré (1860 Paris).

Als Kälteträger verwandte Carré Ammoniak, welches die Eigenschaft besitzt vom Wasser heftig absorbiert zu werden und dabei eine neue Flüssigkeit, den Salmiakgeist zu bilden. Durch Erwärmen wird der Salmiakgeist wieder in seine ursprünglichen Bestandteile, das Wasser und das Ammoniak, zerlegt. Bei dem Trennungsvorgang sammelt sich das Gas unter Druck in der Haube des Kochgefässes an und wird in einem zweiten Gefäß, welches als Kühlraum dient, nachdem es durch Abkühlung verflüssigt ist, zur Verdampfung gebracht. Die nun entstehenden Ammoniakdämpfe bringt man wieder mit dem Wasser des Kochgefässes in Berührung, wodurch sich von neuem Salmiakgeist bildet und der Kreislauf der Maschine geschlossen ist. Eingebürgert hat sich diese Maschinenart unter den Namen Absorptionsmaschinen.

Da physikalische und chemische Prozesse beim Betrieb wechselweise mit einander verbunden sind, so ist ein rationelles Arbeiten der Anlage nur bei sorgfältiger Wartung garantiert. Immerhin haben sich bis heute diese Maschinen auf dem Markte behauptet, besonders wo Abdampf und reichliche Mengen kalten Kühlwassers zur Verfügung stehen, trifft man sie immer wieder an.

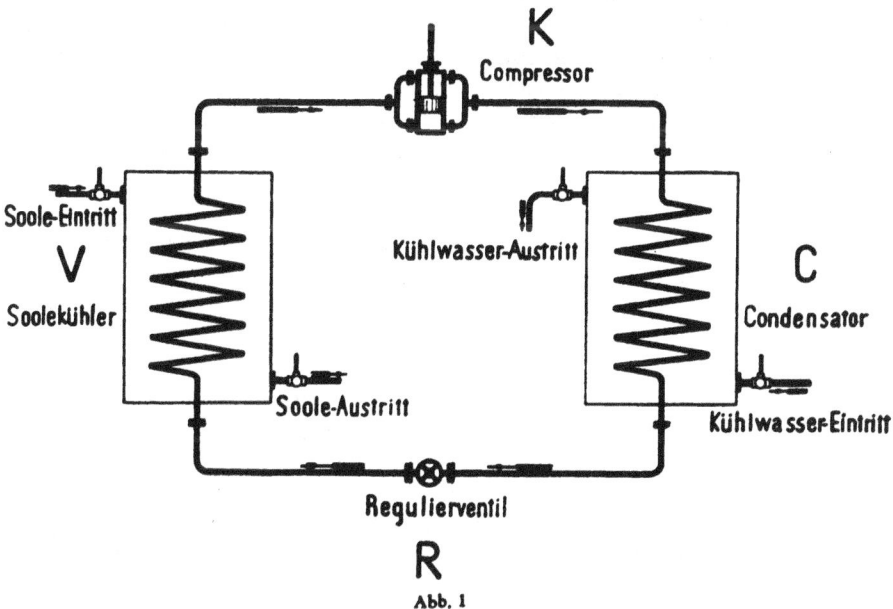

Abb. 1

Das Bedürfnis der Wirtschaft in den 70er Jahren des verflossenen Jahrhunderts eine brauchbare Kühlmaschine zu besitzen, veranlaßte den damaligen Professor der theoretischen Maschinen-Lehre an der Technischen Hochschule zu München, Karl Linde, in thermodynamischer Hinsicht einen Maßstab zur Vergleichung der Leistung der bisherigen Systeme der Kältemaschinen aufzusuchen. Ein Ergebnis dieser Untersuchung war eine im Jahre 1871 veröffentlichte Schrift: „Verbesserte Eis- und Kühlmaschine". 1874 kam die erste von Linde konstruierte Maschine in Gang, welche allein die Möglichkeit ausnutzte: Körper bei verschiedener Temperatur und verschiedenem Druck zur Verflüssigung und Verdampfung zu bringen. Als geeignete Flüssigkeit für seinen Kälteträger wählte Linde nach kurzen Versuchen mit Methyläther ebenfalls Ammoniak. Bei einem Druck von 8—10 Atmosphären und einer Temperatur von 20—25 Grad Cel. tritt die Verflüssigung des Ammoniakes ein. Bei einem Druck von 2—3 Atmosphären verdampft die Ammoniakflüssigkeit mit einer Temperatur von — 10 bis — 15 Grad Cel.

Die Arbeitsweise dieser Maschine war folgende: Von einem Kompressor K werden Ammoniakdämpfe angesogen und im Cylinder so weit komprimiert bis sie die Kompressionsarbeit etwas über die Temperatur des verfügbaren Kühlwassers erhitzt hat. Im Kondensator C findet dann die Abkühlung bis zur Verflüssigung statt. Hinter diesem Apparat ist zur Entspannung des flüssigen Ammoniakes das Regulierventil R angeordnet. Man stellt nun auf der Verdampferseite den Druck ein, der die gewünschte Temperatur ergibt. Der Verdampfer ist ein gleich gestaltetes Gefäß wie der Kondensator, nur mit entgegengesetzter Wirkungsweise. In der Rohrschlange befindet sich der verdampfende Kälteträger, an der Außenseite der Kühlschlange fließt Salzwasser vorbei. Der Sole wird die zur Verdampfung notwendige Wärmemenge entzogen und damit die gewünschte Abkühlung erreicht. Die dabei entstehenden Ammoniakdämpfe saugt der Kompressor wieder an, um sie im Cylinder von neuem zu verdichten.

Als Kälteträger können in dieser Maschine außer Ammoniak auch andere sich leicht verflüssigende Gase verwendet werden. Sehr bald nach Linde's Veröffentlichungen traten solche Vorschläge zutage. Professor Picté führte eine Schweflichsäure-Maschine ein und Windhausen befaßte sich mit der Konstruktion von Kohlensäure-Maschinen, welche bereits von Linde in geeigneten Fällen verwendet wurden. Die Schweflichsäure-Maschinen haben sich nur in den tropischen Ländern einer größeren Verbreitung zu erfreuen, werden aber auch da von den rationeller arbeitenden Ammoniakmaschinen verdrängt. Die Kohlensäure-Maschine hat sich dagegen bis auf den heutigen Tag erhalten, wenn sich ihre Anwendung auch nur auf geeignet liegende Fälle beschränkt. Im Anfang setzte natürlich ein heftiger Konkurrenzkampf zwischen den verschiedenen Systemen ein. Um vor allem in die theoretische Wirkungsweise der einzelnen Medien einen genaueren Einblick zu erhalten, unterzog man auf Veranlassung von Linde in den Jahren 1887—1893 in einem eigenen Laboratorium zu München die verschiedenen Typen einer genauen Untersuchung. Diese ergab, daß die mit Ammoniak arbeitenden Kaltdampfkompressionsmaschinen den weitaus günstigsten Wirkungsgrad besitzen. Daher war ihnen auch die größte Verbreitung beschieden und bei Neuanlagen kommen abgesehen von Spezialfällen nur mehr sie in Frage. Es liefen im Jahre 1908 in Deutschland:

    3000 Ammoniakmaschinen
    1600 Kohlensäuremaschinen
     800 Schwefligsäuremaschinen

An der Vervollkommnung des Prozesses und der Einrichtung des maschinentechnischen Teiles der Kältemaschinen wurde und wird noch dauernd weitergearbeitet. Die Ausbildung der Kälteindustrie zu der heutigen hohen Vollkommenheit fand hauptsächlich durch den deutschen Maschinenbau statt. Zur weiteren Ausnutzung der Linde'schen Patente wurde im Jahre 1879 die Gesellschaft für Linde's Eismaschinen A. G. in Wiesbaden mit einem Grundkapital von Mk. 200 000 gegründet. Bis 1913 war das Gesellschaftskapital auf Mk. 12 Millionen angewachsen, heute beträgt es nach der Goldmarkbilanz 13,8 Millionen RM. Außerdem nahmen noch sehr viele Maschinenfabriken den Bau von Kältemaschinen in ihr Fabrikationsprogramm auf. Die bekanntesten sind:

    Maschinenfabrik Augsburg-Nürnberg
    Sächsische Maschinenfabrik von Richard Hartmann, Chemnitz
    Gebrüder Sulzer, Winterthur
    A. Borsig, Tegel
    A. Freundlich, Düsseldorf
    Maschinenbauanstalt Humbold, Cöln-Kalk
    Maschinenfabrik Germania, Chemnitz
    Maschinenfabrik Eßlingen, Eßlingen.

Die Vorteile, welche die sog. horizontale Vereinigung für Produktion und Absatz bot, ließ einige der obigen Firmen untereinander in enge freundschaftliche Beziehung treten. Außerdem waren die Mehrzahl der deutschen Firmen, welche sich dem Bau der Kältemaschinen widmeten, bis vor kurzem Mitglieder des Inlandsverbandes für Kältemaschinen. Die Aufgabe dieses Verbandes war es, die Preise des Kältemaschinenmarktes einheitlich zu gestalten, und den Wettbewerb der einzelnen Mitglieder untereinander in gemäßigten Formen zu halten.

Neben Deutschland waren es besonders England und Amerika, die diesem Gebiet der Technik große Aufmerksamkeit schenkten. Im allgemeinen kann man aber sagen, daß die Neuerungen auf theoretischem

Gebiet fast ausschließlich Deutschland zufallen. An hervorragenden englischen und amerikanischen Firmen sind zu nennen:

J. and E. Hall Ltd. Dartford.
Haslam Foundry and Engineering Co., London.
Lightfoot Refrigeration, London.
The Fred. Wolf Co., Chicago.
Filter Mfg. Co., Milwaukee.
Dela Vergne, New York.

b) Die Verwendung der Kältemaschine und die Entstehung des Kühlhauses.

Im letzten Abschnitt haben wir gesehen wie die theoretische Forschung den Weg für die Temperaturerniedrigung gebahnt hat, wie die Technik mit ihren Mitteln dem Forschungsergebnis gefolgt ist und die Maschinen und Anlagen zu einer hohen Vollkommenheit ausgebaut hat. Nun bleibt es noch zu zeigen übrig, wie das Wirtschaftsleben diese Errungenschaften aufgenommen hat und immer größeren Nutzen aus diesen Fortschritten zieht. Der Anstoß zur intensiveren Beschäftigung mit dem Problem der künstlichen Kälteerzeugung ging von der Bierbrauerei aus. Die erste Kältemaschine, welche zur praktischen Arbeitsleistung aufgestellt wurde, kam 1875 in der Spatenbrauerei zu München, deren damaliger Besitzer Gabriel Sedlmayr war, in Betrieb. Man hoffte durch die künstliche Kälteerzeugung den lästigen Gebrauch von Natureis, der die Brauindustrie zu einem Saisongewerbe machte, überwinden zu können. Der Erfolg war vorzüglich, denn heute geht der Braubetrieb unabhängig von den Witterungseinflüssen jahraus jahrein ununterbrochen fort. Nur die Namen der einzelnen Biergattungen erinnern noch an den interimistischen Betrieb der Vergangenheit. Nach diesen ersten günstigen Versuchen in der Spatenbrauerei folgten weitere Anlagen. So in der Brauerei Dreher in Triest, Jakobsen Kopenhagen, Feltmann Amsterdam und einer Reihe Dortmunder Brauereien. Damit beginnt der Siegeszug der Linde-Maschine, wie man kurz die Kaltdampfkompressionsmaschine bezeichnet. Das nächste Gebiet auf dem die Kälteindustrie von Grund aus umgestaltend wirken sollte, war der Schlachthofbetrieb. 1883 wurde als erster der Schlachthof von Wiesbaden von der Gesellschaft für Linde's Eismaschinen mit einer Kühlmaschine versehen. Heute ist ein moderner Schlachthof ohne Kühlräume mit der notwendigen Maschinenanlage ein Ding der Unmöglichkeit. Schrittweise erweiterte die Kältemaschine ihr Anwendungsgebiet. Bei fast allen Betrieben, die sich mit der Bereitung von Nahrungsmitteln befassen, hat sie sich ihren Platz erobert. Von der Gesellschaft für Linde's Eismaschinen wurden für folgende Gewerbe Maschinen geliefert:[1])

---

[1]) Nach Angaben der Gesellschaft für Lindes Eismaschinen, Wiesbaden.

Betriebe	1911	1923
Bierbrauereien	1760	1921
Lebensmittelkonservierungsanlagen	814	1779
Seeschiffe	240	387
Eisfabriken	510	693
Butter- und Margarinefabriken, Molkereien	159	213
Chemische Fabriken	120	137
Schokolade-, Teigwarenfabriken	44	87
Zuckerfabriken	17	20
Stearinfabriken	9	10
Schaumweinfabriken	10	39
Gummifabriken	11	14
Bergwerke (Schachtabteufung)	8	12
Anlagen für Gas- und Luftverflüssigung	90	131
Spinnereien, Färbereien, Kunstseidefabriken, Spinnfaserfabriken	—	11
Diverse Anlagen: Weinkühlung, Spirituskühlung, Pelzkonservierung, Leichenkonservierung, Mineralwasserfabriken etc.	406	750
Summe	4460	6216

Die Gesamtzahl der gelieferten Maschinen betrug im Jahre 1911 7 550, im Jahre 1923 10 500, welche sich auf nachfolgende Länder verteilen:[1])

Staat	1911	1923
Deutschland	1593	2137
Oesterreich-Ungarn	351	562
Schweiz	111	177
England	951	1288
Holland und Kolonien, Belgien und Kolonien	87	155
Spanien und Kolonien, Portugal und Kolonien	89	152
Schweden, Norwegen, Dänemark	45	64
Rußland, Balkan	89	126
Vereinigte Staaten von Nordamerika	317	1095
Brasilien	41	73
Mexiko und Guatemala	30	60
Argentinien, Paraguay, Uruguay	46	66
Chile, Peru	41	56
Columbien, Venezuela	29	47
China, Japan	25	27
Aegypten	24	27
Summa	4460	6216

Waren die Kältemaschinen und Kühlanlagen bisher nur als Hilfsbetriebe in anderen Unternehmungen verwendet, so kam mit ihrer fortschreitenden Bedeutung und Vervollkommnung der Gedanke auf, Kältehäuser unabhängig von anderen Gewerben zu erbauen. Die vorzüglichste Aufgabe dieser Einrichtung sollte es sein, die verderblichen Nahrungsmittel bis zum Verbrauch zu lagern und gleichzeitig den Kleinhändler und Verbraucher mit künstlichem Eis zu versorgen, um auch in diesen Kreisen die sichere und einwandfreie Behandlung der Nahrungsmittel zu ermöglichen und die Unsicherheit der Natureisversorgung auszuschalten. Der Standort für solche Kühlhäuser war die Großstadt.

---

[1]) Nach Angaben der Gesellschaft für Lindes Eismaschinen, Wiesbaden.

Ein solches Kühlhaus besteht aus drei Einheiten: das Maschinen-
haus, in dem die Kälte für die Gesamtanlage erzeugt wird, bildet die
Seele des ganzen Betriebes, damit verbunden sind die zur Kaltlagerung bestimmten Gebäude und endlich das Eisgeneratorhaus, worin
die Vorrichtungen zur künstlichen Eiserzeugung untergebracht sind.[1])

In den Stockwerken des Lagerhauses sind Apparate aufgestellt,
welche die Luft der einzelnen Räume herabkühlen und gleichzeitig dafür
sorgen, daß jeder Raum reichlich mit trockener, reiner Luft versehen
wird. Die viele Quadratmeter umfassenden Kühlböden sind durch Gitter
oder Bretterverschläge in kleinere Einheiten, wie sie der Marktverkehr
für die verschiedenen Produkte fordert, aufgeteilt. Bei der weiteren
Ausstattung dieser Räume ist das Hauptgewicht auf die Isolierung zu
legen. Diese Forderung war von ausschlaggebendem Einfluß auf die
Bauweise der Kalthäuser. Es entstanden die hohen, viele Stockwerke umfassenden Gebäude, mit den von Fenstern und Türen nur spärlich durch-
brochenen Außenwänden. Im Innern dieser Speicher waren weite und
geräumige Treppen- und Aufzugsanlagen notwendig, denn der durch das
Ein- und Ausbringen von Kühlgut hervorgerufene Verkehr, welcher jedesmal eine Erwärmung der Kühlhausluft bedeutet, mußte sich rasch und glatt
abwickeln können, damit die dafür verwendete Zeit ein Minimum darstellt.

Die Bedürfnisse der Großstadtbevölkerung haben in kurzer Zeit in zahl-
reichen Städten der alten und neuen Welt solche Kühlhäuser entstehen lassen.

New-York verfügt über folgende Unternehmungen mit gekühlten
Lagerräumen:[2])

Merchants Refrigerating Co.	47000 cbm.
Manhattan Union Terminal u. Klings Co.	264 000 ,,
National Cold Storage Co.	98 000 ,,
Broux Refrigerating Co.	42 000 ,,
Brooklyn Bride Freezing Co.	28 000 ,,
Heermance Storage u. Refrigerating	22 400 ,,
F. C. Linde u. Co.	14 000 ,,
	Summe 815 400 cbm.

In Chicago liegen die Verhältnisse ähnlich:[3])

Chicago Cold Storage Warehouse Co.	337 000 cbm.
United States Cold Storage Co.	224 000 ,,
Central Cold Storage Co.	168 000 ,,
Monarch Refrigerating Co.	84 000 ,,
Fulton Market Cold Storage Co.	112 000 ,,
Calumet Refrigerating Co.	42 000 ,,
Cooke Cold Storage Co.	42 000 ,,
North American Cold Storage Co.	28 000 ,,
Lake shore Cold Storage Co.	28 000 ,,
	Summe 565 000 cbm.

[1]) Siehe Abbildung im Anhang.
[2]) u. [3]) Zeitschrift für Eis- u. Kälteindustrie, Wien 1924, XVII. Jahrgang, Heft Nr. 7.

Auch Europa hat in seinen großen Städten viele solcher Speicher
zur Verfügung:

Berlin:[1]

| Gesellschaft für Markt- und Kühlhallen | 13 702 qm. |
| Kühlhaus Norddeutsche Eiswerke | 7 020 „ |

Hamburg-Altona:

| Gesellschaft für Markt- und Kühlhallen | 22 306 „ |

Brüssel:[2]

Frigorifère Bruxellois	17 000 000 cal.
Abattoirs et Marchés Cureghem Anderlecht	14 500 000 „
Frigorifère des Halles Central à la ville de Bruxelles	3 200 000 „
Frigorifère de Sainte Marie	2 400 000 „
Frigorifère de Beck	40 000 000 „

Die Kühlhäuser sollen in erster Linie ein Speicher für die unbedingt
notwendigen Nahrungsmittel sein und so auf Angebot und Nachfrage
des Marktes ausgleichend einwirken, gleichzeitig fällt ihnen auch noch
die Aufgabe zu, einzelnen wertvollen Lebensmitteln die Möglichkeit
zu verschaffen auf dem Markt erscheinen zu können. Bei einem
Gang durch die Räume eines solchen Speichers finden wir alle auf dem
großstädtischen Markte geforderten Nahrungsmittel eingelagert. Sämt-
liches Fleisch passiert heute vor seinem Gebrauch den Kühlraum und damit auch alle aus ihm hergestellten Waren, wie Wurst, Konserven und
Fette. Daß heute zu jeder Zeit im Laden des Wildhändlers sämtliche
jagdbaren Tiere einerlei, ob die Jagd offen ist oder Schonzeit herrscht,
zu kaufen sind, verdanken wir allein dem Kühlhaus. Ebenso kann man
sich die Entwicklung der Molkereien, die für die Versorgung unserer
Städte unentbehrlich geworden sind, ohne Kalträume gar nicht denken.
Finnland, eines der großen Ausfuhrländer für Butter, steigerte durch die
Anwendung von Kühleinrichtungen seinen Export in einem Zeitraum
von 25 Jahren auf das Doppelte.[3]

Nach	1883—1891	1892—1900	1901—1908	1909
England	139 884	4 894 777	9 330 149	9 658 442
Deutschland	484 146	345 286	447 268	290 146
Dänemark	1 232 581	928 268	1 819 476	450 053
Rußland	2 544 587	666 356	217 963	190 788
Schweden	2 129 932	673 725	241 228	42 820

Paris braucht jährlich 20 Mill. Kilogramm Käse. Die einzige Möglichkeit solche Mengen zu lagern, ohne eine Beeinträchtigung an Nährwert,
Geschmack und Aussehen befürchten zu müssen, bietet allein wieder
das Kühlhaus. Der Eier- und Fischhandel hat ebenfalls in der Kälte ein

---

[1] Nach Angaben der Gesellschaft für Lindes Eismaschinen, Wiesbaden.
[2] Zeitschrift „Ice and Cold Storage" London.
[3] Finnland Smörexport av Karl Mannelin.

Hilfsmittel gefunden, seine Erzeugnisse bis auf den entferntesten Markt zur Verwendung zu bringen. Seit neuester Zeit findet die Kälte auch im Obst- und Gemüsehandel Anwendung. Alle Gemüse und Obstarten können im Kühlhaus längere Zeit frisch gehalten werden, sodaß der Überschuß einer Ernte bequem und sicher auf das ganze Jahr verteilt werden kann.

Im folgenden soll an drei Hauptnahrungsmitteln: dem Gefrierfleisch, den Fischen und den Eiern, gezeigt werden, wie neben den neuzeitlichen Verkehrsmitteln vor allem die Kälteindustrie dazu beigetragen hat, die Lebensmittelversorgung unserer Städte den modernen Verhältnissen anzupassen und so für ihre Weiterentwicklung ein unentbehrlicher Faktor geworden ist.

II. Teil: Die Wirkungen der Kälteindustrie auf eine Erweiterung der Bezugsquellen des städtischen Marktes.

a) Gefrierfleischhandel.

Die größte Bedeutung hat die Kälteindustrie durch die Gefrierfleisch-Ein- und Ausfuhr erlangt. Uns Deutschen klingt das ungewohnt, denn bislang haben wir wenig Gebrauch von dem Gefrierfleisch gemacht, da bei uns das Verhältnis zwischen dem Wachstum der Bevölkerung und dem Erträgnis der Viehzucht so war, daß von einer im großen und ganzen genügenden Versorgung die Rede sein konnte. Anders lagen die Verhältnisse in Ländern, in denen schon früher die Industrialisierung und damit die Häufung der Menschen in der Stadt eingetreten war. Ein klassisches Beispiel dafür ist Großbritannien. Der Fleischverbrauch in diesem Lande war von jeher bedeutend, es trafen auf je einen Kopf folgende Mengen (kg) Fleisch:[1])

Jahr	Rindvieh	Kalbfleisch	Hammelfleisch	Schweine	Summe
1890	21,2	0,9	8,1	15,3	45,5
1904	24,6	1,0	9,9	17,1	52,6

Wenn die Einfuhr aus anderen Ländern nicht zu Hilfe gekommen wäre, so hätte die Bevölkerung diesen Konsum nicht aufrecht erhalten können. Im Jahresbericht der Fleischfirma Weddel u. Co. für das Jahr 1923 sind die Zahlen des eingeführten Fleisches denen der heimischen Schlachtungen gegenübergestellt.[2]) „Die Gesamtmenge des für den Konsum in Großbritannien und Irland im Jahre 1923 als verfügbar erachteten Fleisches belief sich auf 2 Millionen tons, die sich wie folgt zusammensetzten: aus einheimischen Schlachtungen 1 065 000 tons, aus importiertem Gefrier- und Kühlfleisch abzüglich des Rücktransportes 904 260 tons, aus eingeführtem frischen Fleisch in Form lebenden Viehs 20 100 tons.

[1]) K. Helferich, Der deutsche Volkswohlstand 1888—1913.
[2]) W. Weddel & Co., Jahresbericht 1923.

Das Verhältnis des eingeführten Fleisches zum Gesamtkonsum stellt sich heute auf 46,7 Prozent gegen 44 Prozent im Jahre 1922 und 40 Prozent im Jahre 1913." Deutlich tritt aus diesen Verhältnissen das Anwachsen des Nahrungsmittelsbedarfes einer Bevölkerung über die Grenzen der Nahrungsmittelbeschaffung in eigenen Lande zutage. Zur Beseitigung dieses Mißverhältnisses mußte man sich nach Hilfe von außen umsehen, da eine Steigerung der Züchtung ausgeschlossen war und sich die Folgen dieser Knappheit in den Städten durch bedenkliche Preissteigerungen bemerkbar machten. Das einfachste Gegenmittel war die Einfuhr aus den fleischproduzierenden Ländern der Erde. Es kamen hauptsächlich Argentinien, Australien und Neuseeland in Betracht. In diesen Ländern war die Lage gerade umgekehrt: auf den fruchtbaren Weiden des Landes lebten große Rudel wilder Schafe und Rinder, die von dem geringen Fleischverbrauch der Landesbewohner kaum berührt wurden. Ihren Wert auszunützen mußte man Absatz im Ausland suchen.

In Argentinien erfreut sich jetzt die Schaf- und Viehzucht einer intensiven Pflege, so daß sich die Zahl der Herden von Jahr zu Jahr vermehrt:[1])

Viehart	1883	1895	1908
Rindvieh	21 963 930	21 701 526	29 116 629
Schafe	66 701 079	74 379 562	67 211 754

Den Reichtum des Landes in Geldwert ausgedrückt zeigt untenstehende Tabelle; die Werte sind in Goldmark gesetzt:[1])

Jahr	Rindvieh	Schafe	Gesamtsumme
1895	55 710 000	30 656 000	86 366 000
1908	103 255 000	31 609 000	134 864 000

Für die Entwicklung der wilden Herden zu den gewaltigen Viehfarmen von heute, galt es vor allen Methoden zu finden, welche eine rationelle Verwertung der Viehbestände versprach. Das gelegentliche Einfangen der Tiere durch Gauchos, um sie in der Stadt zum Verkauf zu bringen, hatte auf den Ausbau der späteren Züchtereien geringen Einfluß. In der Mitte des 18. Jahrhunderts brachten irische Einwanderer eine Konservierungsart in das Land, die den ersten Aufschwung der Fleischindustrie und damit die weitere Ausbildung der Viehzucht brachte. Man richtete große Pökeleien Saladeros genannt ein, in denen das Fleisch durch Salzen und Trockenen haltbar gemacht wurde. 'Als Abnehmer des Pökelfleisches kamen hauptsächlich die Staaten Cuba und Brasilien in Frage. Dort bildete das Fleisch die Nahrung für die Sklaven und Negerbevölkerung. Die alleinige Verwendung für die allerunterste Bevölke-

---

[1]) Argentinische Viehzählung, abgedruckt in A Revue of the frozen and chilled transoceanic meat industry. Prof. Arvid M. Bergmann, Upsala.

rungsschicht deutet unzweifelhaft auf einen minderwertigen Zustand des neuen Nahrungsmittels hin. Immerhin hatte man den eminenten Wert der Viehherden erkannt und suchte durch alle möglichen Mittel die Ausbeutung auch für die europäischen Länder, wo in den Industriezentren die bessere Fleischversorgung einer umgehenden Lösung harrte, zu erreichen.

Sobald die künstliche Kälteerzeugung auf diesem Gebiet angewendet wurde, sank die Bedeutung der Saladeros von Jahr zu Jahr. 1887 betrug der Export an getrocknetem Pöckelfleisch in Argentinien nur noch 48 Prozent der Jahreserzeugung. 1897 sank er weiter herunter bis auf 22 Prozent. 1907 betrug er nur noch 4 Prozent und endlich 1919 hat er den Tiefstand von 2,5 Prozent erreicht. Infolge dieser Entwicklung stellte im Laufe der Jahre eine Konservierungsanstalt nach der andern ihren Betrieb ein, oder stellte sich auf die neue Art der Fleischerhaltung um.

Bei der Einführung der künstlichen Kältekonservierung in der Fleischindustrie waren mancherlei Schwierigkeiten zu überwinden. 1866 wurde auf den Vorschlag des Pariser Physikers Tellier ein Schiff, welches von Frankreich nach Uruguay Fleisch bringen sollte, mit einer Kühlmaschine ausgerüstet. 1868 ging die City of Rio de Janeiro mit Fleisch beladen in See. Bei ihrer Ankunft in Rio mußte Tellier den großen Mißerfolg erleben, daß die Ladung verdorben war, infolgedessen hatte kein Mensch Vertrauen zu der neuen Art Fleisch zu verschicken. Tellier ließ sich aber durch den ungünstigen Ausgang nicht entmutigen und arbeitet an der Vervollkommnung seines Systems weiter. Die Absendung eines zweiten Schiffes wurde durch die politischen Verhältnisse des 70er Krieges hinausgeschoben bis 1876 von einem Bankkonsortium die Mittel zu einer weiteren Fahrt zusammen gebracht waren. Von Rouen ging das zweite Kühlschiff nach Südamerika mit dem Ziel Buenos Aires in See. Diesmal war die Fahrt von Erfolg gekrönt, der Zustand des gekühlten Fleisches war bei der Ankunft ein ganz vorzüglicher. Zur Rückfahrt nahm man wieder Fleisch als Ladung auf und gedachte bei abermaligen Gelingen der Fahrt die neugegründete Gesellschaft für den dauernden Fleischtransport zwischen den beiden Kontinenten einzurichten. Obwohl das Fleisch in tadelloser Verfassung in Frankreich ankam, konnte kein Absatz für die Ladung gefunden werden, da in Frankreich damals noch kein Bedürfnis nach fremdem Fleisch bestand. Es blieb nichts anderes übrig als die Gesellschaft zu liquidieren, nachdem auch der Staat seine Unterstützung für das Unternehmen versagt hatte. In England nahm man auf Grund der Erfahrungen von Tellier die Sache im Jahre 1880 erneut in Angriff und sandte die „Straaleven" nach Sydney, um Kühlfleisch heranzubringen. Auch diesmal lief der Transport günstig aus. Die Regierung erfaßte sofort die Bedeutung des Erfolges und suchte mit allen Mitteln das australische Fleisch beim Volk beliebt zu machen.

Das Kühlfleisch wurde von der Großstadtbevölkerung ohne weiteres verwendet, da es neben seiner Güte noch den Vorteil des niederen Preises hatte. Die Regierung organisierte daraufhin einen ständigen Schiffsverkehr nach der Kolonie Australien zur Heranschaffung von Kühlfleisch. England beschränkte sich keineswegs auf Australien, dessen Entwicklung wir später sehen werden, sondern knüpfte sofort mit Südamerika Beziehungen an, da durch den kürzeren Seeweg die Route große Vorteile bot. Das erste Schlachthaus mit Kühleinrichtungen wurde 1882 in Campana am Parana gegründet: The River Plate Fresh Meat Ci. Ltd. Im Lande bezeichnet man diese Schlachthöfe mit Frigorifico. Die Unternehmungen wuchsen immer mehr an, denn die Vervollkommnung der Technik erlaubte immer größere Mengen zum Versand zu bringen. 1889 ging man dazu über, die Ochsen in ganzen Vierteln zu versenden. 1900 wurde das Fleisch in gefrorenem Zustand, im Gegensatz zu der bisher gebräuchlichen Methode, die nur in gekühltem Zustand das Fleisch herüber schickte, verladen. Von großem Einflusse auf die Entwicklung dieser Industrie war die Schließung der englischen Häfen für lebendes Vieh aus Südamerika. Veranlassung zu dieser Maßnahme gab eine zu Anfang des Jahrhunderts in Südamerika ausgebrochene Seuche. Heute sind die Lebendtransporte zur Bedeutungslosigkeit herabgesunken. Der Burenkrieg im Jahre 1902 übte ebenfalls eine steigernde Wirkung auf die Viehverwertung Argentiniens aus. Das gesamte englische Heer Südafrikas wurde mit südamerikanischen Fleisch verproviantiert. Es herrschte in sämtlichen Frifogorificos Hochbetrieb, neben den alten Anlagen bildeten sich immer neue Unternehmungen, und zwar waren es hauptsächlich englische Gründungen. In England hatte man die große Entwicklungsmöglichkeit dieser Industrie erkannt und trachtete nun wirtschaftlich wie politisch Einfluß darauf zu gewinnen. Die englische Regierung sah voraus, daß über kurz oder lang alle west- und nordeuropäischen Staaten zur Einführung von Gefrierfleisch übergehen mußten, daher ging ihr Streben dahin, möglichst viele Schlächtereien in englische Hände zu bringen. Auf der anderen Seite waren die Briten zu solchen Maßnahmen gezwungen, denn die Sicherheit der Ernährung im eigenen Land hing zum großen Teil von der Fleischeinfuhr aus Südamerika ab. Es war also ihr ureigenstes Interesse sich den Einfluß auf die Fleischversorgungsindustrie Argentiniens zu wahren. Vorläufig trat ihrem Interesse niemand entgegen. Die Fleischindustrie entwickelte sich dauernd günstig, bis 1909 ein Umschwung kam.

Nordamerika war ebenfalls in der glücklichen Lage, einen reichen Viehbestand zu besitzen. Neben der Deckung des eigenen Bedarfes hatten die Staaten noch einen ganz beträchtlichen Überschuß, der zur Ausfuhr bestimmt war. Dadurch war den Nordamerikanern die Möglichkeit gegeben, einen Einfluß auf den Gefrierfleischmarkt — eine Art Kontrolle des europäischen Fleischmarktes — zu erlangen. Diese hörte plötzlich auf, als durch das starke Anwachsen der nordamerikanischen Städte der Verbrauch an Fleisch immer mehr stieg und auf der anderen Seite durch den Raubbau, der an den Viehbeständen getrieben wurde, diese der Erschöpfung nahe kamen. In solcher Notlage wandte sich das Kapital der nordamerikanischen Staaten nach dem Süden, 1909 kommt es zur ersten Gründung einer Fleischverwertungsgesellschaft in Argentinien; am La Plata und La Blanca wird ein Betrieb eröffnet. Dadurch waren die Nordamerikaner in die Interessensphäre der Engländer eingedrungen und konnten ihren Einfluß auf dem Fleischmarkt wieder geltend machen. Die erste Folge des amerikanischen Auftretens war ein rasches Anziehen der Viehpreise; in kurzer Zeit stiegen diese um 50 Prozent. Den alten Firmen blieb nichts anderes übrig, als den Preisen nachzugehen; die Engländer waren gezwungen das Fleisch in Argentinien teurer einzukaufen, als sie es in der Heimat absetzen konnten. Man rief die Vermittlung der argentinischen Regierung an, um durch Schutzgesetze dieser Preistreiberei ein Ende zu machen. Eine Änderung trat nicht ein, da sich die Regierung hütete für irgend eine der beiden Parteien entscheidend einzutreten. Diese Machtkämpfe der beiden angelsächsischen Völker nahmen ihren Fortgang bis es 1913 zu einer Verständigung kam.

Im Jahre 1912 waren folgende Firmen in Argentinien in Besitz von Gefrierhäusern:[1])

Firma	Gesellschaftskapital		Schlachthaus	
	1908	1912	Name	Lage
The River Plate Fresh meat Co. Ltd.	2 250 000	2 250 000	Campana	Prov. Buenos-Aires
Companie-Sansinena de Carnes Congeladas	3 600 000	4 500 000	La Negra	„ „
			Cuatreros	Montevideo
			F. Uruguay	Uruguay
The Las Palmas ProduceCo.Ltd	2 500 000	2 500 000	Las Palmas	Prov. Buenos-Aires
La Blanca Co. Argentina de Carnes Congaledas	—	1 500 000	La Blanca	„ „
The La Plata Cold Storage Co. Ltd.	2 300 000	5 000 000	La Plata	„ „
			Montevideo	Montevideo
				Uruguay
The Smithfield and Argentine Meat Co. Ltd.	1 000 000	1 250 000	Zerate	Prov. Buenos-Aires
Sociedad Anonima Fricorifico Argentino	2 250 000	2 000 000	Argentino	„ „
The New Patagonian Meat Preserving and Cold Storage Co. Ltd.	—	2 000 000	Rio Gallegos	Argent. Patagonien
			St. Julien	„ „

[1]) Third International Congress of Refrigation Chicago 1913: The Refrigerated Meat Trade in the Argentinia Republik etc. by Pedro Berges.

The River Fresh Meat Co. Ltd., Las Palmas Produce und Smithfield and Argentine Meat sind englische Firmen. Seit 1914 sind die beiden ersten Gesellschaften miteinander verschmolzen. Die Compagnia Sansinena de Carnes Congeladas ist eine rein südamerikanische Gründung. Die übrigen Firmen sind im Besitz des nordamerikanischen Kapitales. La Plata Cold Storage und die Patagonien Meat Preserving Co. gehört der Swift Meat Co. La Blanca ist Eigentum von Messer Morris and Amour u. Co. und Argentinio von Messer Sulz u. Brothers. Die Kühlhauseinrichtungen sind hauptsächlich von amerikanischen Firmen und der Lindegesellschaft geliefert. So besitzt:[1])

Die Compagnia Sansinena im Werk:

La Negra: 1 Kältemaschine de la Vergne

3 Kältemaschinen Linde   Kühlraum in cbm.

diese kühlen 32 Räume mit 28 000

Custeros: 2 Kältemaschinen Linde 19 000

La Blanca Compagnia Argentina de Carnes Congeladas.

3 Kältemaschinen de la Vergne

1 Kältemaschine Haslam

diese kühlen 25 Gefrierräume 23 000

Frigorifico Argentina

4 Kältemaschinen Linde 21 000

The Las Palmas Produce

5 Kältemaschinen Linde 22 000

The River Plate Fresh Meat

5 Kältemaschinen Linde und Haslam 22 000

Smithfield and Argentine Meat Co.

2 Kältemaschinen Haslam 3 500

La Plata Cold Storage

3 Kältemaschinen Herkules 17 500

Von 32 Kältemaschinen sind etwas über die Hälfte Maschinen deutschen Ursprungs.

[1]) Göttsche: Die Kältemaschine.

Die Gesamtproduktion von gefrorenem und gekühltem Fleisch belief sich in Argentinien in den Jahren 1906—1912 auf folgende Zahlen:[1])

Jahr	Gefrorenes und gekühltes Ochsenfleisch Viertel	Hämmel Stück
1906	2 018 527	2 833 031
1907	1 766 973	2 785 739
1908	2 292 449	3 265 879
1909	2 584 301	2 723 870
1910	2 899 622	2 843 676
1911	3 737 702	3 947 639
1912	4 356 252	3 584 027

Die Gesamtproduktion von 1913 verteilt sich wie folgt auf die einzelnen Fleischhäuser:[2])

Firma	Gekühltes Ochsenfl. Viertel	Gefr. Ochsenfleisch Viertel	Gefr. Hammelfleisch ganze Stücke
Compania Sansinena .	174 126	181 867	671 559
Las Palmas Produce .	469 744	356 699	263 273
La Blanca	699 629	158 709	205 135
La Plata Gold Storage .	1 324 604	243 497	228 259
Smithfield & Argentine	301 773	73 701	62 326
Fricirifico Argentino .	246 845	1 110 054	213 536
Patagonien Meat Preserving	—	—	213 746
Rio Leco	—	—	180 021
Fricirifico Uruguaya .	7 347	341 839	3 302
Fricrifico Montevideo .	145 547	460 247	103 487
Summe	3 397 635	1 962 683	2 844 743

Von der Weide, Pampas genannt, geht es allmählich in die Ställe und Hürden der Schlachthäuser über. Damit der Wert der Tiere nicht gemindert wird, bleiben sie möglichst lange draußen in der Freiheit. Erst wenige Tage vor der Schlachtung kommt die 3—5000 Stück zählende Herde in die Hürde und wird durch entsprechende Fütterung und gründliche Reinigung auf die Schlachtung vorbereitet. Der ganze Betrieb im Schlachthaus ist streng nach den Grundsätzen von Taylor durchgeführt, damit in kürzester Zeit mit dem möglichst geringsten Arbeitsaufwand der größte Erfolg erzielt wird. Das Vieh gelangt auf engen Zuführungswegen Stück für Stück bis in die oberste Etage des Schlachthauses. Dort wird das Kleinvieh auf ein Paternosterwerk geschnallt. geschlachtet und den einzelnen Stellen zugeführt, welche die Zerlegung und Weiterverarbeitung vornehmen. Ähnlich werden die großen Tiere behandelt: sie werden beim Eintritt in den Schlachtraum durch einen Schlag auf den Kopf betäubt, geschlachtet und durch den geöffneten

[1]) Industrie de Carnes an la Republica Argentina von Richtlet.
[2]) Bergmann Review etc.

Boden in das darunter befindliche Stockwerk geworfen. Dort wird der Tierkörper auf ein fortlaufendes Band gelegt und in der gleichen Weise wie das Kleinvieh zerlegt und verarbeitet. Dieser ganze Schlachtungsvorgang wickelt sich vom Eintritt des Tieres in die Todeskammer bis zu seiner Einlieferung in die Trockenkammer in 7—10 Minuten ab. In der Trokkenkammer einem mäßig gekühltem und gut ventilierten Raume läßt man die Teile 2—10 Stunden hängen. Während dieser Zeit wird die Entscheidung getroffen, welche Teile als Frischfleisch Verwendung finden, welche gefroren werden oder als Kühlfleisch in Betracht kommen. Das Kühlfleisch hebt man in einer Temperatur von — 1 bis — 2 Grad Cel. auf. Das Gefrierfleisch kommt dagegen in Räume mit Temperaturen von — 10 Grad Cel. Das Durchfrieren des Fleisches erfordert je nach der Größe des Stückes verschiedene Zeiten: Die Ochsen, die in der Mitte zwischen der 10. und 11. Rippe geteilt werden, müssen bis zu 100 Stunden in den Räumen hängen; die Hämmel, die ungeteilt bleiben, brauchen etwa 30 Stunden um durchzufrieren.[1]

Das beigefügte Diagramm zeigt den Verlauf der Temperaturkurve 15 cm. unter der Oberfläche gemessen. Die Ochsenviertel wiegen etwa 70 bis 90 kg, die Hämmel ca. 25 kg. Für den Versand werden die gut durchgefrorenen Ochsenviertel in weisse, dünne Mülltucher genäht und darüber kommt noch ein Sack aus grober Leinwand; die kleineren Tiere kommen nur in Mulltücher zur Verladung. Oft sind die Verpackungsmaterialien noch eigens sterilisiert, so daß sicher die Gewähr gegeben ist, das Fleisch in einwandfreiem Zustand an den Konsumtionsort zu bringen. Einige der Frigorificos liegen direkt am Hafen, so daß das Fleisch unmittelbar aus der Kühlhalle in den Gefrierraum des Schiffes kommt und daher praktisch fast keiner Erwärmung ausgesetzt ist. Bei den von den Häfen entfernten Anlagen benutzt man zur Verladung kleinere Dampfer, die mit gut isolierten Räumen versehen sind. Die Tagesleistungen der einzelnen Frigorificos zeigt folgende Tabelle.[2]

Firma	Zahl der Beschäftigten	Höchstzahl der Ochsen	geschl. Tiere p. Tag Hämmel
Campana	1 200	900	2 500
La Negro	2 000	1 000	2 550
La Blanca	900	1 000	—
La Plata	2 900	1 500	5 000
Argentina	900	600	3 000

In den Frigorificos findet man auch all die Betriebe untergebracht, welche zur Weiterverarbeitung der Abfallstoffe des Schlächtereibetriebes, in Frage kommen. Gewerbe, die bei uns in Europa ganz getrennt von den Schlachthäusern sind wie z. B. Drechslerei, Gerberei, Stearinfabrikation

---

[1] Siehe Abbildung Seite 34.
[2] Bergmann: A. Review.

etc. sind dort mit in das Unternehmen eingeschlossen. Alle Produkte werden für den Versand nach auswärts hergestellt und kommen hauptsächlich nach den Ländern des europäischen Kontinents zur Verschickung. Außer Fleischprodukten kommt so gut wie nichts nach Nordamerika und nach dem Krieg hat auch in dieser Sparte die Einfuhr nach den Vereinigten Staaten nachgelassen, da diese wieder in die Reihe der Produzentenländer eingetreten sind. Deutschland trat vor dem Kriege durch seine Gesetzgebung, auf die noch näher eingegangen wird, nur als Abnehmer der verarbeiteten Produkte, wie Stearin, Fett und Oel in Erscheinung. Die nachfolgende Tabelle zeigt die Produkte der argentinischen Frigorificos und ihre Verteilung auf die europäischen Länder im Jahre 1913.[1])

	Verbrauch im eigenen Land	England	Italien	Spanien
Ochsen gekühlt Viertel	5 325	1059622	68 119	193
Ochsen gefroren Viertel	29 372	2739642	—	—
Ochsen frisch Viertel	1 509 655	—	—	—
Kalb ganz; frisch	9 566	—	—	—
Kalb gekühlt	87	13026	12	—
Hammel ganz; gekühlt	2 536	—	—	—
Hammel ganz; gefroren	8 750	1442150	58 88	1 680
Hammel ganz; frisch	286 320	—	—	—
Ochsenzungen in Büchsen	99 637	31945	—	—
Ochsenzungen gefroren	708	198704	—	—
Ochsenzungen frisch.	176 221	—	—	—
Ochsenzungen geräuchert	4 732	—	—	—
Hammelzungen in Büchsen	246 450	24	—	—
Hammelzungen gefroren	475 850	—	—	—
Hammelzungen frisch	54	—	—	—
Ochsenfleisch ·in Büchsen zu 2 Pfund . .	17 821	417471	467	—
Hammelfleisch in Büchsen zu 2 Pfund . .	1 470	36495	—	—
Gekochtes Ochsenfkleich in Büchsen . . .	420	—	—	—
Gekochtes Ochsenfl. in Büchs. zu 6 Pfd. .	7 838	6216	—	—
Gekochtes Hammelfleisch i. B zu 6 Pfd. .	919	8160	—	—
Corned Beef 1 Pfund	10 311	67854	—	—
Corned Beef 2 Pfund	5 808	33888	—	—
Corned Beef 6 Pfund	52 558	618611	—	—
Ochsenkopf in Büchsen	16 813	—	—	—
Fleischextrakt kg	144	31173	—	—
Konzentrierte Bouillon kg	7	—	—	—
Ovoplatine kg	1 786 936	308922	—	—
Margarine kg	653 501	195868	—	—
Ochsenfett kg	11 292	—	—	—
Hammelfett kg	483 413	7558889	—	—
Stearin kg	31 823	373385	—	—
Fett kg	120 689	113905	—	—
Caracufett kg	265 179	—	—	—
Oel Gallons	23 267	153671	2 380	—

---

[1]) Bergmann A. Review.

Als weiteres Land der Gefrierfleischausfuhr kommt Australien in Betracht. Dorthin war, wie schon erwähnt, zum ersten Mal von England ein Kühlschiff zur Heranschaffung von Fleischvorräten für das Mutterland gesandt worden. Die Engländer haben nach dem Gelingen dieses Versuches sofort den Ausbau der Züchtereien und Fleischfabriken in die Hand genommen und bis heute ist es so geblieben, daß die mit englischem Kapital betriebenen Unternehmungen ihre Produktion nach England selbst oder seinen Kolonien, wie Kanada und Südafrika absetzen. 91 Prozent der Ausfuhr fallen auf die Länder englischer Zunge; der Rest wird von den Nachbarländern in Anspruch genommen:[1]) Tab. umseitig.

Schweden	Belgien	Frankreich	Oesterreich	U.S.A.	Holland	Portugal	Deutschland
100	27 200	3722	100	3 776	19 886	—	—
—	—	—	7 311	23 940	—	—	—
—	—	—	—	—	—	—	—
—	—	—	—	—	—	—	—
—	—	10 549	—	10 650	—	—	—
—	—	—	—	—	—	—	—
—	—	—	—	—	—	1 440	—
—	—	—	—	—	—	—	—
—	—	—	—	—	—	—	—
—	—	—	—	—	—	—	—
53 362	—	157	—	—	—	—	—
—	—	12	—	—	—	—	—
—	—	—	—	—	—	—	—
—	—	—	—	—	—	—	—
—	—	—	—	—	—	—	—
—	—	377	—	—	—	—	—
—	—	—	—	—	—	—	—
—	—	34 130	—	68 392	2 226	—	33 853
—	257 625	—	—	—	—	—	—
—	18 581	—	—	—	5515839	—	987 172
—	—	—	—	—	395619	—	115 661
—	—	—	—	—	—	—	—
—	—	—	—	—	—	—	—
—	—	—	—	—	—	—	19 090

---

[1]) Bergmann A Review etc.

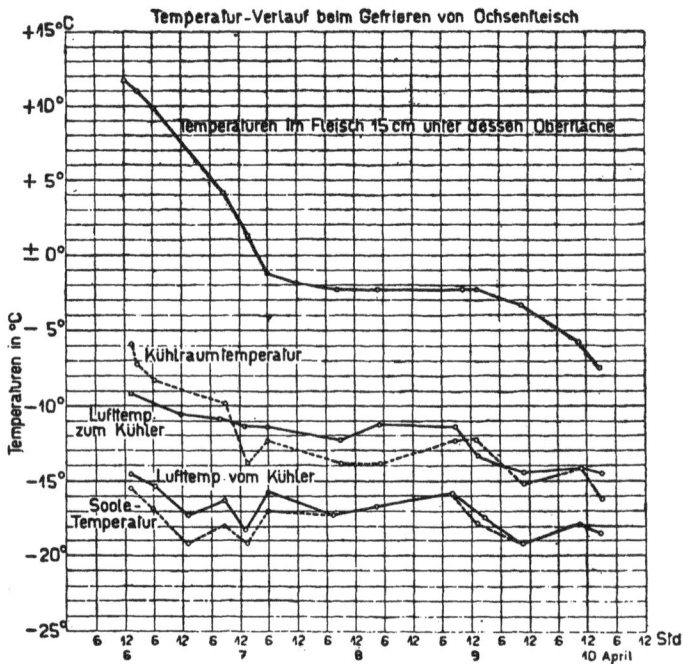

Abb. 2

Bestimmungsort	Ochsen		Hämmel und Schafe	
	Gew. Pfd.	Wert L	Gew. Pfd.	Wert L
England	108 886 860	1 245 536	108 566 172	1 499 648
Kanada	—	—	1 332 086	20 366
Ceylon	150 620	1 367	293 523	4 448
Honkong.	551 012	4 346	328 330	4 483
Malta	1 090 044	11 491	266 035	3 228
Union v. Südafr.	9 228 546	97 601	1 910 196	23 919
Straits Settlements	1 781 817	20 141	992 138	13 387
Die übrigen brit. Kolonien .	916 071	17 014	2 989	60
Aegypten . . . . ´. .	2 084 806	24 536	624 506	8 282
Hawai	—	—	83 770	1 343
Japan	1 098	13	—	—
Sonstige Länder	3 253 078	46 130	314 467	3 943
Philippinen	13 996 124	162 555	677 076	9 271
Summe	142 210 076	1 630 731	115 371 981	1 592 378

Der Viehstand Australiens ist nicht so hervorragend, wie der Südamerikas. Es liegt dies hauptsächlich an den klimatischen Verhältnissen; die Dürre, welche im Innern der Insel einen großen Teil des Jahres
über herrscht, läßt die Herden nicht recht zur Entwicklung kommen.

Als ertragsreichste Bezirke gelten: Neu-Süd-Wales und Viktoria. Die amtlichen Viehzählungen ergaben untenstehenden Bestand:[1])

Jahr	Rinder	Schafe	Jahr	Rinder	Schafe
1860	3 957 915	20 135 286	1900	8 640 225	70 602 995
1865	3 724 813	29 539 928	1905	8 528 335	74 540 916
1870	4 276 326	41 593 612	1906	9 349 409	83 687 655
1875	6 389 610	53 124 209	1907	10 128 486	87 650 263
1880	7 523 000	62 176 027	1908	10 547 679	87 043 266
1885	7 397 847	67 491 976	1909	11 040 391	91 678 281
1890	10 899 913	97 881 221	1910	11 744 714	92 047 015
			1911	11 828 954	92 003 521

Die 36 Schlachthäuser des Landes lieferten die unten angeführte Produktion nach England:[2])

Jahr	Rinder		Hämmel und Schafe	
	Gewicht Pfd.	Wert £	Gewicht Pfd.	Wert £
1907.	52 050 592	575 732	109 227 757	1 377 502
1908.	40 711 516	451 551	91 607 614	1 219 107
1909.	71 142 295	733 210	116 915 639	1 231 035
1910.	109 427 528	1 179 146	190 228 330	2 161 513
1911.	108 786 417	1 162 132	129 569 285	1 633 622
1912.	142 210 076	1 630 731	115 371 781	1 592 378

Die Verhältnisse von Neu-Seeland sind denen von Australien vollkommen ähnlich, auch hier hat England in der Viehzucht und Gefrierfleischbereitung das Monopol. Im allgemeinen wird das Fleisch aus diesem Territorium höher geschätzt, als das australische. Der Viehstand der aus Rinder und Schafe bestehenden Herden war:[2])

Jahr	Rind	Schaf
1900.	—	19 366 195
1902.	1 460 663	20 342 727
1904.	1 736 850	18 280 806
1906.	1 851 750	20 108 741
1908.	1 773 326	22 449 052
1910.	—	24 269 620
1011.	2 020 171	22 996 126
1912.	—	23 750 153
1913.	—	24 191 810
1914.	—	24 798 763

[1]) Bergmann Review. etc.
[2]) The annual for 1912 of the Departement of Agriculture, Commerce and Tourists. Wellington 1912.

Das Land besitzt 22 mit Schlachthöfen verbundenen Gefrierhäuser, welche ein tägliches Fassungsvermögen von 82 000 Stück Schafe und Hämmel haben. Der Versand nach England beträgt:[1])

Jahr	Hammel	Lamm	Rinderviertel
1903.	2 605 177	2 040 084	17 946
1904.	1 906 915	1 885 910	81 512
1905.	1 564 691	1 887 184	85 927
1908.	1 739 245	2 288 335	137 616
1907.	1 887 882	2 748 781	189 510
1912.	2 360 789	3 191 197	149 397

Die Fleischeinführung aus Australien und Neuseeland setzt eine sehr hoch entwickelte Kältetechnik voraus, da der Weg nach Europa doppelt so lang ist, wie von Südamerika aus und die Route meistens durch die heißeste Zone geht. Durch den Panamakanal ist der Reiseweg der Schiffe bedeutend abgekürzt worden, immerhin braucht man von Australien nach England rund einen Monat länger, als aus den übrigen fleischproduzierenden Ländern. Für die gesamte Entwicklung der dortigen Fleischindustrie ist es nachteilig gewesen, daß alle Züchtereien mit englischen Mitteln betrieben wurden und so die Konkurrenz ausgeschaltet war, die gerade den südamerikanischen Fleischmarkt hoch gebracht hat. Aus diesem Grund fordern in England viele Stimmen die energische Reorganisation der Verhältnisse, da sonst das australische Fleisch von den englischen und kontinentalen Märkten vollkommen zu verschwinden droht.

Haben wir bis jetzt kurz die Fleischproduzierenden Länder betrachtet, so seinen im folgenden die Transportverhältnisse nach dem alten Kontinent und die Verteilung der Produktion auf die europäischen Staaten näher ins Auge gefaßt.

Der größte Abnehmer von Gefrierfleisch ist England. Da seine Fleischernährung, wie vorher nachgewiesen, vollkommen auf die Einfuhr angewiesen ist, strebte die Regierung mit allen Mitteln danach, dem angelsächsischen Kapital einen entscheidenden Einfluß in dieser Industrie zu verschaffen. Wir haben gesehen, wie Australien und Neuseeland vollkommen eine englische Domäne geworden sind und wie sich auch in Südamerika der englische Einfluß weitgehendste Geltung zu verschaffen gewußt hat. Um den Gefrierfleischhandel noch fester in ihre Hand zu bekommen, haben die Engländer den gesamten Transport an sich gerissen, so daß alles Kühlfleisch faktisch England zur Verfügung steht und nur der Überschuß an die anderen europäischen Länder weiter verfrachtet wird.

---

[1]) Third International Congress of Refregeration Chicago 1903 Australia and Newsealand as sources of Meat Supply by A Pearse.

Zu diesem Zweck verfügt England über eine große Flotte von Kühl-schiffen, die auf bestimmten Routen den ganzen Verkehr vermitteln.

Route	Schiffe	Fassungsraum
Australien nach England	59	2 520 000
Neuseeland nach England	54	5 246 000
Australien und Südamerika nach England	21	1 899 200
Südamerika nach England	84	6 297 800
	218	15 963 200
Ergänzungsliste	21	886 400
Summe	239	16 849 600

Vorstehende Tabelle zeigt den Stand von 1912 an, wegen der großen Nachfrage während des Krieges und der Nachkriegsjahren ist die Zahl der Kühlschiffe bis auf 300 vermehrt worden. Auch Nordamerika und Deutschland besaßen vor dem Krieg eine Kühlschifflotte, welche aber nur englische Firmen als Auftraggeber hatte. Der Vertrag von Versailles zwang Deutschland die seinigen an England abzuliefern. Durch diesen ausschließlichen Besitz der Transportschiffe war es den Briten gelungen, die Unsicherheit und Möglichkeit irgendwelcher Störung in ihrer Fleisch-versorgung so gut wie auszuschalten.

Die wichtigsten Löschungshäfen sind die umseitig angeführten Städte, gleichzeitig enthält die Tabelle Angaben über die dort abgesetzten Fleisch-mengen des Jahres 1923:[1])

Die Haupthäfen für das Gefrierfleisch sind London und Liverpool. In London stehen etwa 28 Kühlhäuser zur Fleischlagerung zur Verfügung. Da das gesamte eingeführte Fleisch vor seiner Verteilung auf die Verkaufs-stellen in den Landstädten in Kühlräumen gelagert wird, müssen diese über enorme Lagerräume verfügen, denn die Gesamteinfuhr der ge-frorenen Lämmer und Hämmel betrug in den Jahren 1913 und 1921—23 folgende Mengen:[2])

In tons angegeben:

Von	1913	1921	1922	1923	Abnahme oder Zunahme 1923	1922	Gesamt-importierter Wert 1923	Wert pro Ton
Australien . . .	150 666	104 732	107 535	106 092	— 1 443	—	6 327 693	L 60
Neuseeland . .	122 234	263 665	179 820	152 899	— 26 921	—	11 641 593	., 76
Argentinien, . .	409 211	444 539	451 962	573 585	+ 121 623	—	27 191 191	,, 47
Uruguay	29 717	67 093	63 127	67 397	+ 4 270	—	3 003 696	,, 45
U. S. A	74	8 903	3 288	3 947	+ 659	—	255 477	,, 65
andere Länder .	8 355	28 482	15 934	21 212	+ 5 278	—	1 111 660	,, 52
Summe	720 257	917 414	821 666	925 132	103 466	—	49 531 310	L 53

---

[1]) u. [2]) Weddel, Jahresbericht 1923.

Löschungshäfen	Australien			Neuseeland		
	Hämmel	Lämmer	Rinder	Hämmel	Lämmer	Rinder-viertel
London	1 070 297	1 451 377	341 160	1 570 812	1 570 812	3 792 963
Liverpool	484 074	646 262	178 430	111 420	111 420	573 412
Southempton	—	—	—	—	—	—
Newcastel	—	—	11 736	—	—	—
Hull	751	18	16 040	. —	—	—
Evonmouth	29 402	5 926	1 101	24 844	24 844	81 584
Manchester	14 144	16 026	8 441	4 946	4 946	17 087
Glasgow	8 594	4 163	12 740	12 708	12 708	24 971
Cardiff.	1 881	2 000	492	—	—	—
Summe	1 609 142	2 125 736	570 140	1 724 730	1 724 730	387 549

Ehe das Fleisch zum Verkauf kommt, findet eine tierärztliche Untersuchung statt; da in England von der Verwaltungsbehörde diese nicht
vorgeschrieben ist, wird die Kontrolle des Fleisches an den einzelnen
Orten nach verschiedenen Normen durchgeführt.

Nach der Entfernung der Emballagen werden die gefrorenen Tierkörper unter maschinell angetriebenen Stanzen so zerlegt, wie es für den
Verkauf oder die Aufarbeitung in den Konservenfabriken notwendig ist.
Als Hauptmarkt gilt der Smithfield Markt in London; dort werden die
zerkleinerten aber noch gefrorenen Stücke in künstlich kalt gehaltenen
Räumen zum Verkauf für den Großhandel anfgestapelt. Von hier
findet dann der Versand in Kühlwagen auf der Bahn oder per Schiff
in die einzelnen Provinzstädte statt. Die Hauptkonsumplätze sind jedoch
die Häfen London und Liverpool. Im allgemeinen erfreut sich das aus-
ländische Fleisch in England großer Beliebtheit. Durch den langjährigen
Gebrauch sind die Metzger mit der Behandlungsweise des Fleisches
vollkommen vertraut worden und bieten es infolgedessen den Konsumen-
ten in gefälliger und appetitlicher Form an. Die Schwierigkeit der Behandlung liegt in der sachgemäßen Vornahme des Auftauens, wird nämlich dieser Prozeß zu rasch ausgeführt, so läuft aus den durch die Erwärmung zerrissenen Geweben der flüssig gewordene Fleischsaft heraus

Zufuhrquelle	Rind- u. Kalbfleisch ten		Hammel- u. Lamm- fleisch ton		Zusammen tons		Prozentsatz der Totaleinfuhren	
	1922	1923	1922	1923	1922	1923	1922	1923
Groß-Britannien u. Irland	38 702	43 514	20 196	19 209	58 898	62 723	18%	15,8%
Australien u. Süd-afrika	25 952	15 626	97 046	85 176	122 998	100 802	31,2%	25,4%
Nordamerika. . .	2 372	3 798	114	116	2 485	2 914	0,7%	0,7%
in England ge-schlachtet. . . .	7 980	2 967	—	—	7 980	2 967	2%	0,7%
Südamerika . . .	165 396	187 489	17 943	24 064	183 339	211 553	46,5%	53,3%
Kontinent	11 519	10 903	6 739	5 709	18 258	16 612	4,6%	4,1%
Summe	251 921	263 279	142 038	134 274	393 959	397 571	100%	100%

Hämmel	Lämmer	Südamerika Rinderviertel		Andere Länder Rinderviertel	
		gekühlt	gefroren	gefroren	gekühlt
1 594 149	1 175 435	775 743	2 928 610	901	—
1 083 073	923 240	641 718	1 419 857	1 324	280
51 720	98 951	63 650	244 055	38	288
73 512	47 873	121 499	700	—	—
79 740	34 976	48 941	—	—	—
—	—	—	—	—	—
12 260	10529	24 689	6 254	1 312	—
—	—	—	—	—	—
2 894 455	2 291 004	1 676 260	4 600 086	3 585	568

und das Stück wird beim Kochen zäh und unansehlich. Im Preise hält sich das Kühlfleisch immer unter dem des heimischen Fleisches; wenn auch bei den argentinischen und australischen Viehpreisen Schwankungen eintreten, die durch Witterungseinflüsse oder sonstige Störungen auf dem Markte hervorgerufen werden, so sind die englischen Preise bedeutend ruhiger geworden, nachdem die Einfuhr des ausländischen Fleisches die geschilderten Dimensionen angenommen hatte.[1])

Etwa 75 Prozent des eingeführten Fleisches wird in England selbst verbraucht, die restlichen 25 Prozent dienen der Versorgung des europäischen Kontinents. Die Einfuhr nach den Festlandstaaten liegt zum großen Teil in der Hand der Londoner Firma W. Weddel u. C. Ltd.

Während des Krieges war natürlich auch in England von einem freien Fleischmarkt keine Rede. Die Verteilung erstreckte sich zwar nicht, wie in Deutschland bis auf den Einzelverbraucher, aber der Bedarf der Gemeinwesen war streng kontigentiert und wurde behördlicherseits einer genauen Kontrolle unterworfen. Die Regierung schloß mit den Fleischfirmen Argentiniens und Uruguays Verträge ab, wonach ihre Gesamtproduktion nach England geschickt werden sollte, und zwar waren monatlich 50 000 engl. Tons zu liefern. Dies bedeutete eine so starke Steigerung der Fleischindustrie, daß wahrscheinlich die Frigorificos nicht in der Lage waren, die ausgemachte Menge zu liefern, denn die englische Regierung kam im Verlauf des Krieges in bedeutende Schwierigkeiten. Nicht allein die eigene Bevölkerung und die gewaltige Armee auf dem Festland waren zu verproviantieren, sondern auch die Bundesgenossen, wie Italien und Frankreich, hatten immer mehr die Hilfe der Engländer sowohl für die Verpflegung des Heeres, als auch für die Bedarfdeckung der Märkte in den Städten notwendig.

Die Fleischfirmen zogen aus den Kriegsverhältnissen natürlich großen Nutzen. Ihre Gewinne sind ganz bedeutend gewesen, wie verschiedene Zeitungsnotizen zeigen. Der Londoner Ecomist vom 26. Mai 1917

---

[1]) Weddel, Jahresbericht 1923.

brachte die Steigerung der Reingewinne der Britisch and Argentina
Meat Compani:

1914   67 288 £

1915   652 489 ohne Abzug der Kriegsgewinnsteuer.

1916   411 032 £ nach Abzug der Kriegsgewinnsteuer.

Die Smithfield and Argentine Meat Company erzielte folgende
Gewinne:[1])   1914   25 732 Pfd.

1915   142 052   „

1916   136 437   „

Nach den Kriegsjahren waren die Fleischfirmen ebenfalls gut
beschäftigt, wenn ihre Profuktion auch nicht mehr das rapide Ansteigen,
wie in den Jahren 1914—18 hatte. Im Krieg war die Bevölkerung der
Ententestaaten mehr an die Fleischnahrung gewöhnt worden, als dies
vorher der Fall war. In den Mittelstaaten galt es den infolge der Blok-
kade hervorgerufenen Mangel raschestens zu decken, sodaß sich trotz
aller Schwierigkeiten, wie mangelnde Tonnage und Währungsverfall bei
den einzelnen Staaten, eine befriedigende Geschäftslage entwickeln konnte.

Von den europäischen Ländern des Festlandes sei zunächst Frankreich betrachtet. Die Regierung erlaubte vor dem Krieg die Einführung
des Kühlfleisches gegen einen mäßigen Zoll. In den Häfen Marseille,
Havre, Dieppe bestanden große Kühlhäuser, um das Fleisch in Empfang
zu nehmen und zu lagern, bis es im Innern des Landes zur Verwendung
gelangte. Groß war der Bedarf an englischen Fleisch nicht; denn einmal
besitzt Frankreich selbst eine bedeutende Viehzucht und dann war der
Gebrauch der Fleischnahrung, besonders in den südlichen Bezirken des
Landes, lange nicht so stark ausgebildet, wie in den Nordländern. Zu
all dem hatte sich in Frankreichs Kolonie Madagaskar eine ganz achtenswerte nationale Fleischindustrie entwickelt, deren Produkte durch 2
französische Gesellschaften nach dem Mutterland verfrachtet wurden.

Trotzdem traf man aber noch jederzeit auf den Märkten Fleisch aus
Südamerika, Australien und Neuseeland an. Die Preise des eingeführten
Fleisches hielten sich auch hier unter denen der einheimischen Produkte,
wie nachfolgende Aufstellung zeigt:[2])

	Gefrierfleisch	Frischfleisch	Unterschied
Hammel			
Ganzes Hinterviertel	2,8 fr	3,6 fr	0,8 fr
Keule	3,0	3,8	0,8
Filet	3,0	4,0	1,0
Schulter	2,4	3,0	0,6
Rind			
Ganze Lende	4,4	5,5	1,1
Schenkel	2,0	2,6	0,6
Bauch	1,8	2,4	0,6

[1]) Manes, Weltgefrierfleischhandel.
[2]) Kältezeitschrift Le Froid, Jahrgang 1916.

Während des Krieges war eine gewaltige Erweiterung der Kühlhäuser in den Hafenstädten, von denen die Verproviantierung der Armee ihren Ausgang nahm, notwendig. Die Einfuhr des englischen Fleisches erreichte gegen Ende des Krieges sehr große Dimensionen. Während der ersten Jahre nach dem Friedensschluß war ebenfalls eine gesteigerte Einfuhr notwendig, da der heimische Viehstand durch den Krieg ziemlich gelitten hatte. Obgleich er heute seine alte Höhe erreicht hat, scheint er trotzdem nicht in der Lage zu sein, den Bedarf zu decken, denn nach dem Bericht der Firma Weddel bietet sich für 1923 folgendes Bild:

„Die tatsächliche Einfuhr nach Frankreich an Rinder- und Hammelgefrierfleisch belief sich während des Jahres 1923 auf insgesamt 65 000 tons gegen 35 000 tons im Jahre 1922 und 62 000 tons im Jahre 1921. Zieht man den Unterschied zwischen dem zu Anfang und am Schluß des Jahres zur Verfügung stehenden Lagerbeständen, so darf wohl der Konsum an Gefrierfleisch während der 12 Monate auf 70 000 tons geschätzt werden, wovon ungefähr die Hälfte für den Zivilverbrauch zu rechnen ist."

Von den Ländern Südeuropas kommt allein Italien als fleischeinführendes Land in Betracht. Der Fleischverbrauch ist sehr gering, da die Bevölkerung wegen der südlichen Lage ebenfalls mehr auf den Verbrauch von Vegetabilien eingestellt ist.

Von ganz Europa hat Italien den kleinsten Fleischverbrauch, nämlich 12 kg. pro Jahr und Kopf. Trotzdem war auch hier die Einfuhr notwendig. 1908 betrug diese noch die geringe Menge von 1800 tons. Als dann 1911 das Gefrierfleisch in der Armee Verwendung fand, stieg die Einfuhrmenge auf 12 000 tons um bis 1912 auf 20 000 tons anzuwachsen. Über die Kriegsjahre liegen keine Berichte vor, bestimmt vergrößerten sich aber die Verbraucherzahlen. Zur Erniedrigung der Kosten für die Lebenshaltung hat die Fascistenregierung im Juni 1923 den Einfuhrzoll aufgehoben und der Bevölkerung den Gebrauch des Gefrierfleisches empfohlen. Die Folge war eine weitere Steigerung des Gefrierfleischhandels. Die Einfuhr betrug 1923 25 000 tons gegen 15 000 tons im Jahre 1922 und 21 623 tons im Jahre 1921.[1]

Trotz der ausgedehnten Viehzucht führte auch die Schweiz Fleisch ein. Bei ihr war die Sache deswegen mit Schwierigkeit verbunden, weil sie selbst keinen eigenen Hafen zur Hereinbringung hatte. Die Regierung war darauf angewiesen, mit den Nachbarstaaten zu verhandeln, um die Durchführung zu erreichen. Österreich machte die Auflage, daß keiner seiner Häfen benutzt werden dürfe, weil sich die Doppelmonarchie das Absatzgebiet für ihr lebendes Vieh aus Ungarn erhalten wollte. Desgleichen erschwerte Frankreich die Einfuhr durch das Verlangen, daß das englische Fleisch auf französischen Boden nochmals einer genauen Fleischbeschau unterworfen werden müsse. Obwohl die Schweiz selbst

---

[1] Weddel, Jahresbericht 1923.

noch einen Zoll von 25 fr. pro 100 kg. verlangte, wurden ganz beachtenswerte Mengen Gefrierfleisch von der Bevölkerung verbraucht.[1])

Jahr	Argentinien	Australien	Neuseeland	And. Länder	Summe
1911	946 500	150 000	16 800	—	1 113 300
1912	1 952 200	503 000	17 800	69 000	2 979 000

Haben bis jetzt die geschilderten Staaten die Einfuhr des Gefrierfleisches zur Verbesserung des einheimischen Marktes gestattet, so verschlossen die Mittelstaaten Europas vor allem Deutschland vor dem Kriege diesem Erzeugnis vollständig ihre Grenzen.

In Deutschland war die Einfuhr von Fleisch und tierischen Produkten aus dem Ausland durch ein Reichsgesetz: betreffend die Schlachtvieh- und Fleischbeschau vom 3. Juni 1900 geregelt. Der § 12 und folgende dieses Gesetzes bestimmten, daß die Einfuhr von Fleisch in das Zollinland nur in ganzen Tierkörpern, die bei Rindern und Schweinen in Hälften zerlegt sein können, zulässig war. Gleichzeitig verlangte der Gesetzgeber, daß die inneren Organe noch in natürlichem Zusammenhang mit dem Körper verbunden sein müssen. Damit war die Einfuhr von Fleisch und Fleischprodukten aus dem Ausland praktisch unmöglich gemacht. Diese Bestimmungen sollten in erster Linie eine Schutzmaßnahme für die heimische Landwirtschaft sein, weil man befürchtete, durch die Einfuhr von ausländischem Fleisch die Preise so zu senken, daß die heimische Produktion unrentabel werde. Zum zweiten unterstützten militärische Forderungen diese Politik auf das nachdrücklichste; zur Sicherheit des Landes sollte so die vollkommene Unabhängigkeit der Volksernährung vom Ausland erreicht werden. Wenn auch eine gewisse Berechtigung in diesen Schutzgesetzen lag, wie die Kriegszeit bewiesen hat, so ist doch nicht zu bestreiten, daß die Abschließung über das der Gesamtheit dienende Maß hinausging. Neben den Agrariern als Urheber dieser Politik waren es vor allem die Fleischhändler und Kommunen, die den Ausschluß des Gefrierfleisches aus Deutschland begrüßten. Der Metzger, der das selbst gekaufte Rind zum Wiederverkauf bringt, vermag schon aus einem günstigen Einkauf Nutzen zu ziehen, weiter kann er noch durch den Verkauf der Abfallprodukte, wie Häute und Innereien, Gewinne zielen. All diese Vorteile entfallen beim Verkauf von Gefrierfleisch, das allgemein zu feststehendem Preis erworben werden muß und nur mit dem behördlich festgesetzten Aufschlag abgegeben werden darf. Auch die Kommunen als Eigentümerinnen der Schlachthöfe wollten vom Gefrierfleisch nichts wissen, da ihnen mit seiner Einführung eine große Einnahmequelle zu versiegen drohte. Die Eigenart des Gefrierfleisches brachte es nämlich mit sich, daß die Schlachthofeinrichtungen weniger gebraucht wurden und damit sich ihre Rentabilität erheblich verringerte.

---

[1]) Manes, Weltgefrierfleischhandel.

Begründet hat man diese Politik mit der Gefahr der Seuchen-
einschleppung durch das eingeführte Fleisch. Eine solche bestand in
Wirklichkeit nicht, denn das argentinische Vetrinärwesen ist genau
nach deutschen Grundsätzen mustergültig eingerichtet und gehandhabt.
Ferner weisen die dortigen Herden einen besseren Gesundheitszustand
auf, als die meisten überkultivierten europäischen Rassen.

Neben all diesen Sonderinteressen blieb natürlich der Bedarf der
Bevölkerung und die Produktion der Landwirtschaft maßgebend. Für
den kritischen Beobachter zeigte es sich, daß die heimische Produktion
nicht ausreicht, zu mindesten, daß Angebot und Nachfrage nur im labilen
Gleichgewicht waren, und durch den geringsten Anlaß die folgenschwer-
sten Erschütterungen eintreten konnten. Die deutsche Viehzucht ver-
mochte 94 Prozent der Fleischmenge zu decken, die das Volk zur Ernährung notwendig hatte. Dabei betrug die pro Jahr auf den Kopf tref-
fende Quote nach Berechnung des Reichsgesundheitsamtes 53,4 kg. Als
Mindestquantum war amtlicherseits 45 kg. Fleisch angegeben. Auf den
ersten Blick wäre das eine ausreichende Versorgung gewesen, man darf
aber nicht übersehen, daß 53.4 kg. kein Nutzgewicht darstellen, vielmehr
Knochen und Abfälle mit darin enthalten sind, infolgedessen in Wirklichkeit nur gerade das Mindestmaß von 45 kg. erreicht waren. Parlament,
Presse und Öffentlichkeit führten immer wieder Klage über die mangelhafte Fleischversorgung, die sich in einer dauernden Preissteigerung aus-
drückte. Deshalb wurde am 20. März 1912 die Resolution angenommen:
„Der Reichstag wolle beschließen, die verbündeten Regierungen zu
ersuchen, dem Reichstag mit größter Beschleunigung eine Novelle zum
Gesetz betreffend die Schlachtvieh- und Fleischbeschau vom 30. Juni
1900 vorzulegen, durch welche die Einfuhr von ausländischem Gefrierfleisch, Büchsenfleisch und Wurst ermöglicht wird."

Noch eine weitere Tatsache verdient eingehende Berücksichtigung.
Die aufs höchste gesteigerte heimische Viehzucht war nur durch eine
sehr intensive Einfuhr von Futtermitteln möglich. Sobald diese gestört
wurde, mußten auch die Erträgnisse der Viehzucht zurückgehen. Eine
durch den Krieg vollauf bestätigte Tatsache. Obwohl am 3. Tage nach
der Kriegserklärung alle die Einfuhr behindernden Gesetze aufgehoben
wurden, war während der Jahre 1914—19 wegen der Blockade natürlich an ein Hereinbringen von Gefrierfleisch nicht zu denken. Einzig und
allein aus den Nachbarstaaten, wie Holland und Dänemark, gelang es
ganz geringe Mengen Vieh, meist sogar in lebendem Zustand, einzufüh-
ren. Es stellte sich alsbald eine große Knappheit ein, die durch keine
Kontingentierungsmaßnahme der Regierung gemildert werden konnte.
In der Kriegszeit und noch mehr während der Blockade ist die Fleischversorgung Deutschlands gänzlich zusammengebrochen. Als man den
Wiederaufbau in Angriff nahm, hatte man es mit vollkommen anderen

Verhältnissen, als in der Vorkriegszeit zu tun. Von einschneidender Bedeutung waren die Bestimmungen des Versailler Vertrages.

Das Streben der Ententeländer ging auf das langjährige Ausschalten Deutschlands vom Produktionsmarkt aus. Systematisch wurden Deutschland die Gebiete abgenommen, welche bis dahin der Rückhalt seiner Wirtschaft waren. Abgetreten werden mußte Elsaß-Lothringen, Teile der Provinz Ost- u. Westpreußen, Posen und Pommern, Oberschlesien, Teile der Rheinprovinz, Schleswig-Holsteins, Brandenburgs und Schlesiens, sowie sämtliche Kolonien. Mit diesen Abtretungen hat Deutschland $1/8$ seiner Fläche (7,05 Millionen ha) und rund $1/10$ seiner Bevölkerung eingebüßt. Unter den verlorenen Gebiete waren Landesteile, die für die Agrarwirtschaft von hoher Bedeutung waren, sodaß die Grundlage auf der sich die deutsche Volkswirtschaft vor dem Krieg entwickelt hat, vollständig geändert worden ist. Zu all diesen Verlusten kamen noch die vom Reich an die Feindesstaaten zu leistenden Sachleistungen Das Land hat durch sie und die abgetretenen Provinzen allein 12 Prozent seines Viehstandes verloren. Es trat durch den gewaltigen Aderlaß eine große Verarmung der heimischen Wirtschaft ein. In dieser Lage war es für die Landwirtschaft ausgeschlossen, weiter aus dem Ausland die hochwertigen. Düngermittel zu beziehen, um ihre Erträgnisse auf der Höhe der Vorkriegszeit zu erhalten. Ein erschreckender Rückgang der Erntemenge machte sich bemerkbar. Es betrug der durchschnittliche Ertrag bei folgenden Fruchtarten in den Jahren in dz. ha.[1])

Fruchtart	1913	1922
Weizen	24,1	14,2
Roggen	19,3	12,6
Sommergerste	22,0	14,0
Hafer	22,0	12,5
Kartoffel.	157,1	149,4
Zuckerrüben	304,4	258,6

Genau so gewaltig sind die Rückgänge in der Futtermitteleinfuhr gegen die der Vorkriegszeit:[2])

Artikel	1913	1923	Rückgang
Kraftfuttermittel	dz	dz	%
Gerste	32 321 934	3 127 646	90,3
Mais.	9 181 164	2 532 329	72,4
Kraftfutter für Schweine	41 508 098	5 630 875	86,4
Abgänge durch Verarbeitung landwirtschaftlicher Erzeugnisse	23 667 867	1 731 987	100
Oelkuchenabfälle aus der Einfuhr von Oelfrüchten und Sämereien	9 732 525	3 143 288	67,7
Kraftfutter für Rindvieh.	33 400 392	1 411 296	95,8
Kraftfutter insgesamt	74 908 490	7 072 171	90,6
Grün- und Raufutter	840 081	119 167	85,8
Futtermittel insgesamt	75 748 571	7 191 238	90,5

[1]) Abgedruckt in der Denkschrift des Fachausschusses für Fleischversorgung Hamburg.
[2]) Denkschrift des Fachausschusses für Fleischversorgung Hamburg.

Solche Zustände wirken in erster Linie auf die Viehbestände. Wir finden dort die gleiche rückschreitende Tendenz. Ein Vergleich der Viehbestände von 1913 und 1923 ergibt:[1])

| | Absolut | | Rückgang gegen 1913 | Auf 100 Kopf der Bevölkerung | | Rückgang gegen 1913 |
	1913	1923		1913	1923	
	St.	St.	%	St.	St.	%
Rinder	20 994 344	16 652 831	—20,6	31,2	26,9	—13,7
Schweine . . .	26 659 140	17 225 855	—35,4	38,2	26,8	—29,8
Schafe u. Ziegen	9 069 221	10 752 629	+15,6	13,2	17,4	+26,1

Daraus folgt ein Rückgang der Fleischleistungsfähigkeit der deutschen Viehbestände für das Jahr 1923 gegen 1913:

bei Rindern um 46 Prozent

bei Schweinen um 56 Prozent

Bei Schafen und Ziegen um + 14,8 Prozent.

Unter diesen Verhältnissen war es nicht möglich, die pro Kopf der Bevölkerung notwendige Fleischmenge zu liefern; diese ging auf 21,5 kg. pro Kopf im Jahr zurück, also um 50 Prozent.

Zur Klarstellung der Not der Massen in den Städten müssen unbedingt noch die Zahlen über den Verbrauch der übrigen Hauptnahrungsmittel herangezogen werden. Diese bringt das amtliche Material, das den Sachverständigen unterbreitet worden ist:[2])

Artikel	1913	1923	Rückgang
	kg	kg	%
Roggen	123,10	91,90	39,97
Weizen und Spelz	95,8	47,6	50,31
Gerste	108,—	30,—	72,22
Kartoffeln	700,—	573,—	18,16
Reis	2,49	1,64	34,12
	1 059,59	744,14	29,77

Damit verbunden war eine enorme Minderung der Kaufkraft: für ein Tageseinkommen erhielt der mittlere Beamte:[3])

Lebensmittel	1913 kg	Dez. 1922 kg
Roggenbrot	43,6	6,9
oder Kartoffeln	152,8	156,0
oder Schweinefleisch	7,9	1,7
oder Rindfleisch	7,0	3,0
oder Schweineschmalz	8,9	0,96
oder Zucker	27,2	10,4
oder Eier, (Stück)	136	33
oder Milch (Liter)	50,5	14,7

[1]) Amtl. Viehzählung v. 1. 12. 12. u. 1. 10. 23.
[2]) u. [3]) Denkschrift etc.

Bei dieser Lage muß die Regierung bestrebt sein, jedes Mittel zu ergreifen, um die Nahrungsmittelversorgung wieder auf den Stand zu bringen, daß die Mindestsätze des Lebensunterhaltes erreicht werden und sich auf dem Markt Preise bilden können, die dem Publikum erlauben, das notwendige Quantum kaufen zu können. Zur Besserung der Fleischverhältnisse stand der Gebrauch von Gefrierfleisch zur Verfügung. Die Einfuhr von gefrorenem Fleisch ist heute vollkommen freigegeben und durch gesetzliche Verordnung bis 1933 gewährleistet. Wenn sich wieder Strömungen aus großagrarischen Kreisen bemerkbar machen, die durch Schutzgesetze diese unerläßliche notwendige Hilfsquelle der Ernährung ausschalten wollen, indem die gleichen Argumente, wie zur Vorkriegszeit ins Feld geführt werden, so ist diesem Beginnen ganz energisch entgegenzutreten, denn die deutsche Viehzucht wird durch die Fleischeinfuhr nicht vernichtet, sondern diese bietet ihr eine Stütze, in dem sie durch Senkung der Lebenshaltungskosten Verbesserung der Ernährung und damit auch erhöhte Arbeitsleistung, der einzige Weg, der zu erhöhter Rentabilität und gesteigerten Erträgnissen in der heimischen Viehproduktion führen kann, bietet. Trotzdem braucht man nicht auf der absoluten zollfreien Einfuhr der Fleischartikel zu bestehen, sondern kann ruhig einen mäßigen Einfuhrzoll für diese Waren zulassen. Der Vorteil der Billigkeit des ausländischen Fleisches wird immer noch bestehen bleiben. Ein Blick auf die Großhandelspreise des Hamburger Marktes zeigt, daß durchschnittlich ein Preisunterschied von 39 Prozent zu Gunsten des Gefrierfleisches bestanden hat.[*]) (Tabelle S. 47)

Die Einfuhr war natürlich sehr vom Währungsverfall Deutschlands beeinflußt. Trotzdem hat sie im Jahre 1922 21 000 tons betragen und ist 1923 auf 50 000 tons gestiegen. Mit der Einfuhr befassen sich folgende Firmen:

Die Fleischeinfuhrgesellschaft A.-G. Hamburg.
Die Handelsgesellschaft Fleischerverband A.-G. Haflag Hamburg.
Weddel u. Co. G. m. b. H. Filiale Hamburg.
Armour Chicago.
Morris Packing Co. Hamburg.
Swift „ „ Hauptsitz Chicago.

Die beiden ersten Firmen sind deutsche Gründungen, die durch lose Interessengemeinschaft miteinander verbunden sind. Das Gesellschaftskapital beträgt etwa 3 000 000 GM. Für die Transportierung des Fleisches aus Südamerika kommt fast ausschließlich die englische Kühlflotte in Betracht. Neuerdings hat die Hamburg-Amerika-Linie einzelne ihrer Dampfer mit Gefriereinrichtungen versehen. Für die Lagerung stehen in Deutschland 37 Kühlhäuser zur Verfügung, dabei sind die mittleren und kleineren Kühlhäuser in Schlachthöfen und ähnlichen Betrieben nicht eingerechnet. Von diesen Kühlhäusern bestanden in Deutsch-

---

[*]) Amtl. Notierungen der Hamburger Schlächterinnung.

Woche	Datum	Fr. Fleisch	Gefr. Fleisch	Diff. %
1.	1.— 7. I.	Papiermark 1 153	750	35
2.	8.—14.	1 245	825	34
3.	15.—21.	1 852	1 800	3
4.	22.—28.	2 065	1 350	35
5.	29.— 4. II.	3 250	—	—
6.	5.—11.	4 933	3 750	24
7.	12.—18.	4 385	2 750	37
8.	19.—25.	3 730	2 450	34
9.	26.— 4. III.	3 934	2 800	30
10.	5.—11.	3 767	2 250	40
11.	12.—18.	3 582	2 250	37
12.	19.—25.	3 382	2 250	33
13.	26.— 1. IV.	4 256	2 200	48
14.	2.— 8.	4 435	2 300	48
15.	9.—15.	4 618	2 300	50
16.	16.—22.	4 917	2 300	53
17.	23.—29.	5 317	3 000	44
18.	30.— 6. V.	5 370	3 500	35
19.	7.—13.	5 800	3 650	37
20.	14.—20.	8 533	5 000	41
21.	21.—27.	9 075	5 300	41
22.	28.— 3. VI.	9 535	6 200	35
23.	4.—10.	11 320	7 000	38
24.	11.—17.	13 435	7 850	41
25.	18.—24.	18 750	14 000	21
26.	25.— 1. VII.	20 330	12 000	41
27.	2.— 8.	29 330	17 400	41
28.	9.—15.	42 917	26 500	38
29.	16.—22.	45 000	26 700	41
30.	23.—29.	82 750	49 650	40
31.	30.—5. VIII.	178 000	97 900	45
32.	6.—12.	428 000	379 000	12
33.	13.—19.	646 500	282 500	56
34.	20.—26.	1 092 500	548 500	50
35.	27.— 2. IX.	1 395 500	821 000	42
36.	3.— 9.	3 985 000	2 835 000	29
37.	10.—16.	20 100 000	11 000 000	45
38.	17.—23.	25 350 000	18 000 000	29
39.	24.—30.	25 100 000	16 000 000	37
40.	1.— 7. X.	63 350 000	47 500 000	25
41.		—	—	—
42.		—	—	—
43.	22.—28.	1 021 000 000	462 000 000	55
44.	29.— 4. XI.	24 650 000 000	13 000 000 000	55
45.	5.—11.	379 000 000 000	130 000 000 000	67
46.	12.—18. XI.	Goldmark† 1,86	0,95	—
47.	19.—25.	1,30	0,60	27
48.	26.— 2. XII.	0,89	0,50	31
49.	3.— 9.	0,95	0,50	47
50.	10.—16.	0,85	0,48	41
51.	18.—23.	0,98	0,45	51
52.	24.—31.	1,00	—	—

Durchschnittspreisdiff.: 38%

land vor dem Kriege 33. Die Gesamtkühlfläche beträgt ca. 140 000 qm., wovon 85 Prozent zur Lagerung von Kühlfleisch geeignet sind. Auf dieser Fläche können 90 Tonnen Fleisch gelagert werden. Die Kühlhäuser sind über ganz Deutschland verteilt. Jedoch ziemlich ungleichmäßig,

insofern auf den Süden nur wenige entfallen, die meisten in den Industrie-
gebieten Mittel-, West- und Norddeutschlands und den Hafenstädten
liegen. Die Kühlfläche verteilt sich:[1]

Süddeutschland	14 000	qm.
Sachsen	22 000	,,
Westdeutschland	20 000	,,
Berlin	29 000	,,
Hamburg Altona	35 000	,,
Bremen und Bremerhafen	9 000	,,
Lübeck	4 000	,,
Königsberg	3 000	,,

Eine der führenden Firmen ist die mit der Linde-Gesellschaft in
enger Verbindung stehende Gesellschaft für Markt- und Kühlhallen
A.-G. Hamburg. Ihre Kühlhäuser sind:[2]

Berlin Werk I.	8 450	qm.
,, ,, II.	3 932	,,
	12 328	qm.

Hamburg Altona		
Werk I	6 533	qm.
Werk II	7 170	,,
Werk III	8 603	,,
	22 306	qm.

Der Gesellschaft für Linde's Eismaschinen gehören noch folgende
Kühlhäuser:[3]

Dresdener Kristalleisfabrik	3 856	qm.
Leipzig Werk I.	2 768	,,
,, ,, II.	6 300	,,
Nürnberg Eisfabrik u. Eiskühlhallen	2 867	,,
Köln Blockeisfabrik	6 488	,,
Hafenkühlhaus Köln	5 619	,,
	27 898	qm.

Um das Kühlfleisch in die Binnenstädte zu verteilen, besitzt die
Kühltransit A.G. einen Wagenpark von 400 gut isolierten Güterwagen.
Damit ist es möglich das Fleisch unbedenklich in jeder Jahreszeit zu
verschicken, ohne ein Auftauen befürchten zu müssen. Das Fleisch hat
sich wegen seiner Billigkeit und Güte in den letzten Jahren besonders in
Norddeutschland eines guten Zuspruches erfreut, sodaß mit einem immer
wachsenden Verbrauch zu rechnen ist. So ist das Kühlfleisch auch in
Deutschland nach dem Kriege zu einem ausschlaggebenden Faktor in
der Ernährung geworden, der nicht mehr ausgeschaltet werden kann.

[1] P. Franzen: Die technischen Einrichtungen Deutschlands für Einfuhr, Lagerung und Vertrieb von Gefrierfleisch.
[2] Nach Angaben der Gesellschaft für Markt- und Kühlhallen Hamburg.
[3] Nach Angaben der Gesellschaft für Lindes Eismaschinen.

b) Fischhandel.

Eine ähnliche Bedeutung für die Volksernährung kommt den Fischen und Fischereiprodukten zu. In den Städten sind gerade die unteren Kreise des Volkes auf den Genuß dieser Nahrungsmittel angewiesen, da sie neben dem hohen Nährwert große Billigkeit für sich in Anspruch nehmen dürfen. An der Küste und in der Nähe von Flüßen und Seen- waren die Fischereierträgnisse schon lange bekannte Marktartikel. Jm Binnenland dagegen konnte man vor Anwendung der Konservierungsmethode dieses Nahrungsmittel nur im Winter auf dem Markt finden; für eine große, Bedarfsdeckung war auch dann die Menge vollständig unzureichend, denn in der kalten Jahreszeit ließ sich sowohl auf dem Meer, wie an den vereisten Binnengewässern der Fang nur in sehr beschränkter Weise ausüben. Jn den Sommermonaten verhinderten die warmen Tagestemperaturen eine Beschickung der Konsumtionssorte gänzlich. Auch während der Fangzeit, im Frühjahr und Sommer, waren die Zustände an der Küste keineswegs ideal, es häuften sich mitunter in kurzer Zeit gewaltige Mengen von den gefangenen Tieren an, die keine Verwendung finden konnten. Die vorhandenen Konservierungsanstalten waren nicht in der Lage, die Beute sofort zu verarbeiten, und so blieb nichts anderes übrig, als die Ware zu verschleudern, oder aber das wichtige Nahrungsmittel zu Grunde gehen zu lassen und als Dünger zu verwenden. Die Abhängigkeit von Wind, Wetter und Zufall beim Fischfang zwang andererseits die Schiffe oft wochenlang auf dem Meere zu liegen, ohne auf ergiebige Schwärme zu treffen, sodaß die Fänge wohl zum sofortigen Verkauf zu groß, zur Verarbeitung in den Räuchereien und Konservierungsanstalten aber zu gering waren.

Bei den Fischen sind nämlich die Zeiten zum Frischaufheben viel geringer, als beim Fleisch und anderen Nahrungsmitteln. Der Fischkörper ist nur ganz loser Struktur und äußerst wasserhaltig, alles Eigenschaften, die sehr zur Beschleunigung des Verwesungsprozesses beitragen. Sobald die Fische längere Zeit an der Luft liegen, bilden sich auf der äußeren Schleimhaut ganze Wucherungen von den Fäulniserregern, die den ganzen Körper infizieren und damit jede weitere Verwendung für menschliche Nahrungszwecke ausschließen. Die Verarbeitung in den Räuchereien bedingte nur eine kurze Haltbarkeit, denn der Rauch ist kein absolutes Schutzmittel gegen die Bakterien. Im Sommer bei warmen Tagestemperaturen hat dieses Verfahren eine Haltbarkeit von höchstens 8 — 10 Tagen. Die Zubereitung als Konserve in Gläsern und Büchsen bot allein die absolute Garantie, die Fische genießbar zu erhalten. Durch diese Behandlung aber verteuerte sich das Produkt so sehr, daß es als Volksnahrung nicht mehr in Betracht kam, sondern nur noch auf den Tischen der Bemittleteren als Delikatesse erscheinen durfte. Grundlegend haben sich die Verhältnisse geändert, als mit der Anwendung der Kälte und Kaltlagerung eine sichere und haltbare von der Lagerdauer unabhängige Methode gefunden war.

Mit der Einführung der Kälte als Konservierungsmethode war die Wichtigkeit dieses Nahrungsmittels gegeben. Es gelang einmal die Fische ohne Schwierigkeit zu jeder Zeit auf den Markt zum Verkauf zu bringen, und zweitens hatte man auch die Möglichkeit, die Räucher und Salzfische unbegrenzt aufheben zu können.

Die Ware, die für den Verkauf in frischem Zustand bestimmt ist, wird gleich nach dem Fang ins Eis verpackt und an Land in Kühlwagen verladen, um an ihren Bestimmungsort verfrachtet zu werden. Diese Verschickungsart findet hauptsächlich für die feineren Arten, wie Seezungen, Schollen, Zander, Lachs und Süßwasserfische, die eine gewähltere Küchenbehandlung verlangen, Anwendung. Die in großen Massen vorkommenden Fische, wie Schellfisch, Hering und Kabeljau müssen, um längere Zeit im Kühlhaus lagern zu können, eine etwas gröbere Behandlung erfahren. Die Fische werden nach dem Fang geöffnet, die Eingeweiden herausgenommen und gründlich gesäubert, dann taucht man sie im Kühlhaus in ein Wassserbad mit einer Temperatur von — 15 bis — 20 Grad C. Die Tiere gefrieren von außen nach innen allmählich fest und können in diesem Zustand beliebig lang aufgehoben werden. Das Auftauen, welches erst kurz vor dem Verkauf erfolgt, erfordert große Vorsicht und Sachkenntnis, da ein zu langsames und kaltes Auftauen die Fleischfarbe verändert und abstoßend macht, ein zu rasches und heißes Auftauen dagegen eine Zerstörung der Fleischgewebe bedingt, sodaß der Fisch beim Kochen auseinanderfällt. Bekannt ist das geschilderte Einfrierungsverfahren unter dem Namen Ottesens-Methode. In Deutschland und Amerika hat es sich trotz seiner Neuheit recht gut eingebürgert.

Außer dieser Haltbarmachung der Fische für den Frischverkauf verwenden auch die Pöckeleien und Räuchereien die Kaltlagerung. Die frischen Fische kommen in die Räuchereien, werden dort in kurzer Zeit, etwa 2—3 Tage, hergerichtet und geräuchert und in kleine flache Kisten verpackt, die für den Versand mit der Post geeignet sind, und dann in das Kühlhaus eingeliefert. Dort stapelt man die Packungen in großen luftigen Räumen mit Temperaturen von — 6 Grad C. Die Kisten stellt man so aufeinander, daß immer ein kleiner Zwischenraum bleibt, damit die Luft, die durch Ventilatoren in dauernder Bewegung gehalten wird, gut durch den Stappel streichen kann. Wenn für die notwendige Trockenheit gesorgt wird, dann halten sich die Fische tadellos ohne irgendwelche Schimmelbildung. Als Fischarten werden hauptsächlich Bücklinge und Schellfische auf die geschilderte Art aufgehoben. Auch Konservenfabriken lagern nach der Fertigstellung ihre Produkte in den Kühlhäusern, bis diese zum Verkauf gelangen können.

Die Anwendung der künstlichen Kälte beim Aufbewahren und Konservieren hat dieses wichtige Nahrungsmittel erst voll zur Geltung gebracht, und die Ernährung der Großstadtmenschen verbessert und erleichtert. Auch der Fischhandel hat die nationalen Grenzen übersprungen und stellt eine Verbindung der einzelnen Volkswirtschaften her. Zwar kann man nicht, wie beim Fleisch, streng zwischen Produktions- und Konsumtions-Ländern scheiden, denn fast alle Staaten der alten und neuen Welt haben irgend eine Verbindung zum Meer und können sich so an der Produktion beteiligen, trotzdem sind Länder vorhanden, bei denen die Fischereiprodukte einen wichtigen Bestandteil ihres Außenhandels bilden, wie z. B. bei Norwegen, Holland, und Dänemark. Die fischexportierenden Länder verteilen sich nach der Quantität der Ausfuhr folgendermaßen: England führt für 60 Millionen, Norwegen für 50 Millionen, Holland für 31 Millionen, Rußland für 34,5 Millionen Mark Fische und Fischereiprodukte aus.

In Deutschland überwog die Einfuhr bei weitem die Ausfuhr. Die in Einfuhr und Ausfuhr umgesetzten wichtigsten Erzeugnisse der Fischindustrie haben im Jahre 1912 nachstehende auf volle Tausend Mark abgerundete Wertbeträge aufzuweisen:[1])

Warenbenennung	Einfuhr M.	Ausfuhr M.
Karpfen, frische	1 572 000	242 000
Aale, Schleien und andere lebende Süßwasserfische . .	8 271 000	245 000
Aale, Schleien andere nicht lebende Süßwasserfische auch gefroren	7 069 000	2 226 000
Heringe, Sprotten, frische Schellfische und andere Salzwasserfische	23 059 000	4 031 000
Gesalzene Heringe, unterzeilt	19 986 000	1 875 000
Heringslake, und Heringsmilch	40 149 000	134 000
Lachs, gesalzen	7 373 000	211 000
Sardellen	4 298 000	9 000
Stockfisch, Klippfisch	2 555 000	856 000
Bücklinge, Sprotten und andere zuvor nicht genannte Fische, einfach zubereitet, Fischmehl zum Genuß, Fischwurst, Fischmilch, Fische zum feineren Genuß zubereitet	1 131 000	1 091 000
Kaviar, Kaviar-Ersatzstoffe, Kaviarlacke.	7 603 000	350 000
Austern	1 148 000	14 000
Nießmuscheln und andere Seemuscheln	260 000	1 000
Schnecken aller Art, Froschschenkel	7 000	269 000
Schildkröten	46 000	2 000
Süßwasserkrebse, Krebsfleisch, auch zubereitet	1 036 000	668 000
Hummer, Langusten	4 967 000	8000
Krabben, Taschenkrebse	63 000	3 000
Seekrebse, Seemuscheln, Schnecken anders als durch Abkochen oder Einsalzen zubereitet	9 000	1 000
Sardinen und andere Fische und Fischzubereitung in luftdichten Behältnisse	4 773 000	1 085 000
	130 074 000	13 325 000

[1]) Deutsche Fischerzeitung Nr. 7 1913

Trotz der bedeutenden Einfuhr verfügt Deutschland auch über eine recht ergiebige See- und Binnenfischerei. So lieferte die Seefischerei in den Jahren:[1])

	1908	1909	1910	1911	1912
tons	101 000	98174	103 557	114810	136575
Millionen	M. 29,23	33,17	36,17	36,59	40,64

Ferner die Bodenseefischerei, die wichtigste von den Binnenfischereien, lieferte

	1909	1910	1911	1912
Mill. Mark	0,29	0,36	0,34	0,42

Deutschlands ergiebigstes Fanggebiet ist die Nordsee. Ihre Erträgnisse überragen die Fangergebnisse der Ostsee, die als ziemlich ausgefischt gilt, bei weitem, so daß unsere bedeutensten Fischhäfen, Geestemünde, Altona und Cuxhafen, an der Nordseeküste liegen. Die am meisten gefangene Fischart ist der Hering. Die günstigen Fänge werden in den Frühjahrsmonaten erzielt, es brachten im März 1923 556 Fahrzeuge 663 600 Pfund gegenüber im September 852 Fahrzeuge nur 454 300 Pfund auf den Altonaer Fischmarkt, welcher den größten Umsatz hat. Vor dem Kriege wurden 80 Prozent der gesamten deutschen Frischheringseinfuhren über diesen Kai gelöscht. Es hat sich das Verhältnis heute etwas verschoben, indem jetzt auch andere Häfen größere Mengen aufnehmen, immerhin wurde 1923 über Altona noch 92 Mill. Pfund frische Heringe und 7 Mill. Pfund gesalzene eingeführt. Die gesamte Jahresübersicht nach den einzelnen Fanggebieten stellt sich folgendermaßen dar:[2])

Fanggebiet	Anzahl der		Durchschn. Dauer der Reisen	Fangertrag	
	Reisen	R.-T.		je Reise in 100 Pf.	je Tag in 100 Pf.
Island	17	329	19,4	1004	54
Nördliche Nordsee	522	6176	15,8	566	48
Südliche Nordsee	64	505	7,9	130	16
Kattegatt	30	371	12,4	251	20
Skagerak	115	1408	12,2	575	47
Mischgebiete	90	1116	12,4	290	24
	858	9905	11,8	504	43

Die nordischen Staaten, Dänemark, Schweden und Norwegen sind in erster Linie auf den Fischexport eingestellt. Von Trondhjem und Bergen gehen alljährlich gewaltige Fischmengen, die vor allem aus Heringen bestehen, nach dem Süden. Die vorzüglichen Kühleinrichtungen dieser Häfen erlauben jedes Fangergebnis aufzuheben, bis es Gelegenheit findet, per Schiff oder Bahn abtransportiert zu werden. Zur Er-

[1]) Deutsche Fischerzeitung.
[2]) Der Fischmarkt Altona im Kalenderjahr 1923.

leichterung des Transportes sind von den norwegischen Staatsbahnen Kühlwagen zum direkten Verkehr nach den Märkten von Stralsund, Rostock und Kiel-Eckerdförde eingestellt. Von 1906 bis 1912 wurden von Trondhjem nach Deutschland folgende Mengen frischer Heringe versandt:

1906	. . . . 2 459 800	1910	. . . . . . 21 899 000
1907	. . . . 4 617 700	1911	. . . . . . 13 755 700
1908	. . . . 6 476 000	1912	. . . . . . 9 328 300
1909	. . . . . . .13 709 900		

Desgleichen ist die Ausfuhr aus Dänemark recht beachtenswert. Die wichtigsten Ausfuhrzahlen der beiden letzten Jahre vor dem Krieg sind nachstehend angeführt:

Fischart	1911	1912
Frische Heringe	82 560	118 371
Frische Dorsche und Schellfische	28 104	22 654
Frische Schollen und andere Plattfische	65 691	109 253
Frische Aale	30 065	32 523
Gesalzene Heringe	27 501	30 658
Klippfische	16 840	67 678

Ein großer Teil der dänischen Fische wird ebenfalls nach Deutschland geschickt.

Ein weiterer Abnehmer für Fische ist Rußland. Aus England und Schottland wurden vor dem Kriege jährlich 53 Mill. Salzheringe nach den Häfen Petersburg und Libau eingeführt. Vor der Kältekonservierung war die Versorgung Rußlands mit Fischen aus dem Ausland so gut wie ausgeschlossen, da man wegen der riesigen Transportwege mit Verlusten bis zu 50 Prozent zu rechnen hatte. Exportiert werden Lachs und Störe, sowie deren Laich, der Kaviar. In den Hauptstapelplätzen haben die Exportfirmen gewaltige Kühlhäuser eingerichtet; die größte dieser Firmen ist die Astrachanski Cholodilnik A.-G. in Astrachan, ihr Kühlhaus faßt 8000 qm Fläche, wovon allein 90 Prozent für die Fischlagerung bestimmt sind.

In Amerika wurde schon 1892 die maschinelle Kälte zur Fischkonservierung herangezogen; das erste Unternehmen dieser Art bestand in Sandusky im Staate Ohio. Die weiten Seengebiete der Vereinigten Staaten und Canadas ließen bald eine blühende Industrie entstehen, die sich hauptsächlich mit der Verarbeitung der in den Gewässern gefangenen Lachse befaßte. Die amerikanischen Fischkonserven sind nach dem Kriege in großem Maßstab nach Europa eingeführt worden und werden von der Bevölkerung sehr geschätzt. In Amerika stieg die Nachfrage mit der Vergrößerung der Städte gleichmäßig an, sodaß eine Erweiterung der Produktionsgebiete notwendig wurde. Zu Anfang des Jahrhunderts wurden deshalb die Fischgründe der nördlichen Gebiete, wie Alaska, erschlossen. Das nordamerikanische Kapital errichtete an den dortigen Flüssen große Unternehmungen sog. Freezsings Plants, die eine ähnliche Bedeutung, wie die Fricorificos Südamerikas erreicht haben. Von 1881 bis 1911 hat sich die Produktion um rund 16 Mill. Dollar gesteigert, neben der Vervollkommnung der maschinellen Einrichtung und der Vermehrung der Fischereigesellschaften kommt dafür die rationelle Verwendung der Kältemaschine in Betracht. Um die enormen Fangergebnisse bewältigen zu können, hatte man vorher zu den unglaublichsten Mitteln gegriffen. So richtete man Flooting Cannerys, schwimmende Konservenfabriken ein, die man an die Stelle des reichen Fanges schickte, um sofort mit der Verarbeitung der Fische beginnen zu können.[1] Durch die Gefriermethoden sind solche Einrichtungen unrationell geworden und die Berichterstatter des 4. internationalen Kältekongresses zu Chicago berichten eingehend über den Stand der Fischerei in den U. S. A., die nur noch mit der Kältekonservierung arbeite.

c) Eierhandel

Da das Ei eines der wichtigsten Nahrungsmittel ist, fordert der jährliche Verbrauch pro Kopf der Bevölkerung bedeutende Mengen dieses Produktes.

In Deutschland 163 Stck. pro Kopf u. Jahr.
„ Frankreich 118 „ „ „ „ „
„ England 97 „ „ „ „ „
„ Belgien 94 „ „ „ „ „
„ Holland 91 „ „ „ „ „

Solange die nächste Umgebung der Städte für die Bedarfsdeckung genügte, konnte ohne besondere Schwierigkeit die geforderte Zahl zur Verfügung gestellt werden. Schwierig wurde die Deckung des Bedarfes, als das Anwachsen der Städte die Heranziehung entfernter Produktionsstellen nötig machte. Hier ermöglichte erst die Anwendung der Kältekonservierung die vollkommene Lösung dieses Versorgungsproblemes.

Die Erzeugung der Eier findet auch heute noch in den meisten Fällen in den Hauswirtschaften der Agrarbevölkerung statt. Stück für Stück muß gesammelt werden, um bei der von der Jahreszeit abhängigen Produktion die von den Verbrauchern benötigte Menge zu erhalten. Die günstigste Zeit für das Einsammeln der Eier ist das Frühjahr und der Frühsommer. Mit fortschreitender Jahreszeit läßt das Legen der Hühner nach, um während der Herbst und Wintermonate vollständig aufzuhören. Die ersten Eier einer Legeperiode sind die besten, größten und

---

[1] Dr. E. Salin: Alaska.

schmackhaftesten, je weiter die Jahreszeit fortschreitet, desto mehr verringert sich die Güte, das Volumen und die Zahl. Da während eines großen Teiles des Jahres die Produktion unterbrochen ist, mußte man den Überschuß während der Zeugungsperiode sammeln, um zu allen Zeiten über dieses wichtige Nahrungsmittel verfügen zu können. Aus diesen Verhältnissen ergibt sich die Notwendigkeit, das Ei zweimal längere Zeit zu lagern, denn einmal müssen die einzelnen Stücke nach dem Legen aufgehoben werden, bis die zum Versand ausreichende Menge beieinander ist und ferner sind diese Quantitäten zum zweitenmal am Verbraucherplatz zu stapeln, um jederzeit die Nachfrage decken zu können.

Um während dieser Zeit die Eier frisch zu erhalten, verwandte man nach alt überlieferter Methode die Lagerung in Kalk und Wasserglas. Ehe die Eier zur Einlagerung kommen, müssen sie genau untersucht werden, ob die Schale noch unverletzt und das Innere frisch und unverdorben ist. Das Ei wird dazu über die Öffnung einer Röhre gehalten, in der sich eine elektrische Glühbirne befindet. Sind nun an dem Stück irgendwelche Mängel vorhanden, so zeigen sich in der Durchsicht an der Schale Schatten und Flecken. All diese defekten Stücke scheiden für die Einlagerung aus. Die tadellosen Eier werden lagenweise in Behälter gelegt und über jede Schicht kommt eine Lage Kalk. Der Kalk ist dazu bestimmt, durch Absorption der Luftfeuchtigkeit das Faulen zu verhindern. Ein weiteres Mittel, das bei uns während des Krieges wieder sehr in Gebrauch gekommen ist, besteht in der Anwendung von Wasserglas, welches eine Mischung von Kieselsäure und starker Natronlauge ist. Das in dieser Lösung aufgehobene Ei hält sich ebenfalls verchiedene Monate brauchbar. Beide Methoden haben den Nachteil, daß sie für Transportzwecke unbrauchbar sind und vor allem dem Ei nicht seine erste Frische und Güte erhalten. Kalk- und Wasserglaseier scheiden somit für den direkten Genuß aus und werden nur für Kochzwecke und für weitere technische Verarbeitungen verwendet.

Diese alten Erhaltungsmittel sind durch die Kaltlagerung vollkommen verdrängt worden. Bei dieser Methode werden die Eier in kleine, leichte, handliche Kisten verpackt und im Kühlhaus gelagert. Im Lauf der Zeit hat sich für diese Behälter eine ganz bestimmte Form herausgebildet; die Kisten haben eine Länge von 175 cm, eine Breite von 53 cm, und eine Höhe von 35 cm. Das Fassungsvermögen ist 1440 Stück. Als Herstellungsmaterial verwendet man dünne Kistenbretter, die so zusammengesetzt werden, daß zwischen zwei Brettern jedesmal ein kleiner Zwischenraum bleibt, durch welchen die Luftcirkulation stattfinden kann. In der Schmalseite sind die Kisten durch 2 Mittelwände abgeteilt, damit man sie jederzeit an dieser Stelle auseinander nehmen kann. In jeder Hälfte liegen 4 Eierreihen übereinander, die gleichfalls durch Leisten getrennt sind. Die Maße sind so gewählt, daß man bequem nach im Handel üblichen Mengen abteilen kann. Als Füllmaterial, um ein Zerbrechen

und Verletzen der Schalen zu vermeiden, dient Holzwolle. Wichtig
für die Kalklagerung ist ebenfalls die Verwendung ganz tadelloser Stücke.
Bei der Kühlhausbehandlung, welche die größten Anforderungen stellt,
kann man drei Perioden unterscheiden: Die Behandlung vor der Einlieferung, die Kaltlagerung und endlich die sachgemäße Erwärmung der
Eierkisten vor dem Verkauf. Zur sicheren und guten Aufbewahrung ist
es notwendig, das Ei rasch nach dem Legen in den Kaltraum zu bringen.
Die Frist zwischen Legen und Einliefern soll 8—10 Tage nicht über-
schreiten. Als günstigste Zeit der Einlagerung kommt das Frühjahr in
Betracht. Der Verlust von in April eingelagerten Eiern beträgt 5 Prozent, dagegen steigt er bei den im Juli eingelagerten bis auf 20 Prozent.
Gleich bei der Einlieferung in das Kühlhaus ist eine genaue Untersuchung
des Verpackungsmaterials notwendig, um es, falls Feuchtigkeit in die Kisten eingedrungen ist, durch neues zu ersetzen. Gewöhnlich werden bei
diesem Umpacken noch einmal Stichproben von den Eiern genommen,
damit man verdächtige Kisten rechtzeitig ausscheiden kann. In Deutschland ist man in den letzten Jahren vor dem Krieg dazu übergegangen, als
Verpackungsmaterial Wellpappe zu verwenden, da sie sauberer und halt-
barer, als Holzwolle und Häcksel ist.

Bei der Lagerung im Kühlraum kommt es vor allen Dingen auf gute
Ventilation an. Die Kisten sind so zu stellen, daß jedes Ei genügend
frische Luft erhält. Zu diesem Zweck werden einzelne Bretter von
den Verschlägen losgelöst und die Kisten selbst in weiten Zwischenräu-
men aufeinander und nebeneinander aufgestellt. Sehr wichtig ist das genaue Einhalten der vorgeschriebenen Raum-Temperaturen und Luftfeuchtigkeit in den Kalt-Räumen. Die Feuchtigkeit muß in den engen
Grenzen von 75—80 Prozent bei einer Temperatur von etwa + 1 Grad C.
gehalten werden. Die Raumwärme darf nie unter 0 Grad C. herabsinken,
da sonst die Eier frieren und aufplatzen.

Das Ausbringen aus dem Kühlraum bedarf ebenfalls der größten
Sorgfalt. Wenn man die Kisten sofort aus den Lagerräumen auf Zim-
mertemperatur von ca. 15 Grad C. bringt, so fangen die Eier zu schwitzen
an und verlieren dadurch 5—10 Prozent ihres Verkaufswertes. Die
Kisten passieren deswegen den Ausbringraum., in dem die Temperatur
zwischen der des Kühlraumes und der Außenluft liegt. Die Luftfeuchtigkeit in diesem Raum muß trockener sein, als die des Kühlraumes,
damit ein Beschlagen der Eier bei der Anwärmung vermieden wird.
Da das Erwärmen längere Zeit in Anspruch nimmt, wird die Aufenthalts-
dauer im Ausbringraum zum Umpacken und Zurechtrichten der Kisten
für den Verkauf benutzt.

Die auf diese Weise aufbewahrten Eier behalten ihre volle Güte
und stehen den frischgelegten und gleich konsumierten an Geschmack und
Gehalt kaum nach, während die Kalkeier, wie schon erwähnt, nur noch für
gewerbliche Zwecke Verwendung finden können. Die Kosten der Kalk-

lagerung betragen etwa 15 Prozent des Eiwertes. Nach Berliner Marktberichte stellten sich die Preise im Januar 1912:[1])

Kalkeier per Schock   3,50 bis 3,60 Mark
Kühlhauseier   „   „   4,10   „   4,15   „
beste Frischeier   „   4,44   „   4,55   „

Die eierproduzierenden Länder sind im allgemeinen die getreide-
exportierenden Staaten. Den Zusammenhang dieser beiden Güter er-
kennt man leicht, da durch das reichliche Vorhandensein der Körnerfrucht
das Gedeihen der Geflügelzucht gegeben ist. Für Europa kommen daher
in erster Linie die Ostländer als Lieferanten in Betracht. Vor dem Krieg
hatte sich ein intensiver Handeln zwischen Polen, Rußland, Österreich-
Ungarn und den Balkanstaaten auf der einen Seite und den großen Indu-
strieländern England, Deutschland, Belgien und der Schweiz als Gegen-
seite ausgebildet.

Da der größte Teil der Produzentenstaaten das Kampffeld des Krieges war und die dortige Wirtschaft durch die Umstellung der Nach-
kriegszeit empfindlich gestört wurde, waren diese Handelsbeziehungen
vollkommen unterbrochen. Erst seit 1923 haben die Transporte wieder ein
gesetzt. Zweifellos wird schon in der allernächsten Zeit durch die abzu-
schließenden Handelsverträge gestützt auch der Eierhandel von neuem
die bedeutende Rolle spielen, die er in der Vorkriegszeit inne hatte. Zur
Darlegung seiner wirtschaftlichen Bedeutung steht uns momentan nur
das Tatsachenmaterial der Jahre 1900 bis 1914 zur Verfügung. Der
Welteierhandel im Jahre 1906 wies folgendes Bild auf:[2])

Ausfuhr:

Rußland	2 833 000 000	Stück
Österreich-Ungarn	966 000 000	„
Dänemark	294 000 000	„
Balkanstaaten	580 000 000	„
Italien	511 000 000	„
Ägypten	62 000 000	„
Marokko	70 000 000	„
Kanada	28 000 000	„
Portugal	12 000 000	„
Summa	5 356 000 000	Stück.

Diese Produktion wurde von unten aufgeführten Ländern aufgenommen:

---

[1]) Amtliche Berliner Marktberichte Kalenderjahr 1912.
[2]) Göttsche: Die Kältemaschine.

Einfuhr:

Großbritannien . . . . 2 265 000 000 Stück
Deutschland. . . . . 2 454 000 000 „
Frankreich . . . . 205 000 000 „
Belgien . . . . 96 000 000 „
Schweiz . . . . 188 000 000 „
Spanien . . . . 42 000 000 „
Schweden. . . . . 34 000 000 „
Norwegen. . . . . 1 400 000 „
Finnland . . . . 29 000 000 „
Holland. . . . . 17 500 000 „
Griechenland . . . . 5 000 000 „

Summe   5 337 900 000 Stück.

Der größte Exporteur war Rußland. Seine ertragreichsten Gebiete
bildeten die südlichen und westlichen Gouvernements: Woronehs,
Kasan, Koslow, Kiew, Kursk, Orel und Charkow. Für Polen war die
Haupterzeugungsgegend Lublin. Der Export betrug:[1])

Jahr	Stück	Wert Rubel
1907	2 608 000 000	55 240 000
1908	2 589 000 000	54 800 000
1909	2 849 000 000	62 200 000
1910	2 998 000 000	63 690 000
1911	3 682 000 000	80 757 000
1912	3 396 000 000	84 655 000

Der Zentralplatz des Handels war Petersburg, daneben hatten
noch die Häfen von Libau, Riga und Windau mit ihren großen Eier-
kühlhäusern als Sammel- und Stapelplätze Bedeutung. Besitzer
der Kühlanlagen waren einige wenige große Firmen, die zum Teil mit
ausländischem, besonders englischem Kapital arbeiteten. Als Abnehmer
der Eiersendungen kamen vor allem England und Deutschland in Frage.
Die Verteilung des russischen Exportes auf die wichtigsten Länder in
den Jahren 1910, 1911 und 1912 ist aus nachstehender Tabelle ersicht-
lich:[2])

1910

Großbritannien . .	1 086 000 000 Stück	25 435 000 Rubel
Deutschland	866 000 000 „	18 221 000 „
Österreich-Ungarn	667 000 000 „	11 349 000 „
Dänemark	36 000 000 „	780 000 „

[1]) und [2]) Professor Dr. Sonndorfer: Der internationale Eierhandel.

1911

Großbritannien . .	1 308 000 000	Stück	30 642 000	Rubel
Deutschland	1 118 000 000	„	23 769 000	„
Österreich-Ungarn	793 000 000	„	15 864 000	„
Dänemark	78 000 000	.,	1 711 000	,.

1912

Großbritannien . .	1 135 000 000	Stück	32 742 000	Rubel
Deutschland	1 001 000 000	„	23 611 000	„
Österreich-Ungarn	862 000 000	„	18 162 000	„
Dänemark.	44 000 000	„	1 185 000	„

An zweiter Stelle der eierausführenden Staaten stand Österreich-Ungarn. Für die Produktion kamen vor allem Ost- und Westgalizien, Steiermark, Kroatien und Siebenbürgen in Betracht. Neben den aus dem eigenen Land stammenden Sendungen liefen vielfach auch die bulgarischen, serbischen, rumänischen und türkischen Eier unter Österreichs Flagge nach dem Norden. Die Sammelstellen für diesen Transitverkehr waren die beiden Landeshauptstädte Wien und Budapest.[1]

Einfuhr:

1905	59 273 700	Kilogramm	im	Werte	von	48 604 439	Kronen
1906	58 951 100	„	„	„	„	48 658 892	.,
1907	58 767 600	„	„	„	„	48 189 432	„

Ausfuhr:

1905	103 295 100	Kilogramm	im	Werte	von	97 097 394	Kronen
1906	117 955 200	„	„	„	„	111 416 172	„
1907	131 453 900	„	„	„	„	123 566 666	„

Besonders der ungarische Export hatte sich in den letzten Jahren vor dem Krieg sehr gesteigert. So betrug die Zahl der vor dem Krieg verschickten Eier:

Jahr	Gesamt Meter Zentner	Wert in Mill. Kronen	Hiervon nach		
			Österreich	Deutschland	England
1909.	370 786	3 603	167 919	153 840	30 246
1910.	373 358	3 407	173 813	141 377	35 274
1911.	357 340	3 507	161 300	150 000	22 634 [2]

Der größte Importeur war England, da fast alle Staaten an der Einfuhr mitbeteiligt waren, war die Londoner Eierbörse für den gesamten europäischen Eierhandel tonangebend; ihre Preisnotierungen galten für

---

[1] Sonndorfer: Der internationale Eierhandel.
[2] Göttsche: Die Kältemaschine.

alle anderen Länder als Richtpreise. Die Verteilung der Einfuhr auf die einzelnen Städte des Landes fand durch die Provinzialmärkte in Manchester, Liverpool, Hull, Grimbsy, Glasgow und Birmingham statt. Mehr als 73 Prozent der Gesamt-Einfuhr stammte aus Rußland; 1906 betrug diese 865 Mill. Stück. Namhaften Anteil an der Versorgung des Landes mit Eiern und den daraus hergestellten Erzeugnisse, wie Eigelb und Eipasten fiel auch Irland und den Dominios, Ägypten und Kanada zu. Aus Ägypten betrug die Einfuhr:

1903 . . . . 66 240 000	Stück
1904 . . . . 57 600 000	,,
1905 . . . . 62 496 000	,,

Ebenso verfrachtete Kanada einen bedeutenden Teil seiner Produktion nach dem Mutterlande. Es wurden eingeführt

1905 . . . . 31 216 800 St.	114 557 Wert L
1906 . . . . 27 806 280 ,,	106 393 ,,
1907 . . . . 13 894 640 ,,	53 084 ,, [1])

Sehr wichtig ist dieser Import während des Krieges geworden, da fast alle anderen Quellen des Eierhandels versiegten. Den ungefähren Jahresverbrauch von 14 Mill. Sterling suchte England nach dem Ausfall der osteuropäischen Staaten durch die intensive Heranziehung seiner übrigen Kolonien und der ostasiatischen Länder zu decken. Damit gewannen die Geflügelzüchtereien Chinas, die vorher nur Eier zur gewerblichen Verwendung lieferten, auch für den Lebensmittelmarkt Bedeutung.

Den nächstgrößten Eierbedarf hatte Deutschland. Die Versorgung des Reiches war nach dem gleichen Prinzip, wie in England geregelt. Von den Hauptmärkten Berlin und Hamburg wurden eine Reihe Stapelplätze, welche die Verteilung auf die Stadtmärkte vorzunehmen hatten, beschickt. Solche Plätze waren München, Köln, Frankfurt, Mainz und Mannheim. Berlin war der größte Markt auf dem Kontinent und kam in seiner Bedeutung direkt hinter London. Die Eiersendungen aus Galizien und dem Balkan liefen hauptsächlich dorthin, während die Kühlhäuser Hamburgs die Ladungen aus Rußland aufnahmen und die gesamte Weiterverfrachtung nach England und den nordischen Staaten zu bewältigen hatten. Die gesamte Einfuhr an Eiern nach Deutschland betrug:[2])

1906	149 642 800	kg. br.	144 557 000 Mk.
1907	149 455 900	,, ,,	149 707 000 ,,
1908	139 292 800	,, ,,	136 990 000 ,,
1909	137 009 800	,, ,,	156 559 000 ,,

---

[1]) und [2]) Sonndorfer: Der internationale Eierhandel.

Von diesen Summen treffen auf den Berliner Markt:

	Einfuhr	Ausfuhr
1907 . . .	42 772 281 kg. br.	3 255 101 kg. br.
1908 . . .	39 895 915 ,, ,,	2 683 530 ,, ,,
1909 . . .	41 788 071 ,, ,,	2 211 736 ,, ,,
1910 . . .	42 161 690 ,, ,,	2 924 382 ,, ,,

Der Verbrauch der Stadt Berlin war im Tag durchschnittlich 1 732 260 Stück Eier oder jährlich ca. 632 274 900 Eier.

Im Jahre 1905 betrug die Einfuhr über Hamburg 33 037 000 kg. br. und die Ausfuhr 23 167 000 kg. br. Nach den einzelnen Herkunftsländern verteilt sich diese Menge folgendermaßen:[1]

Einfuhr:

	1906	1907
Zur See	12 153 000 kg.	7 700 800 kg.
per Bahn aus		
Rußland	7 698 000 ,,	8 822 000 ,,
Galizien	9 971 000 ,,	16 328 000 ,,
Ungarn	618 000 ,,	416 000 ,,
Rumänien	245 000 ,,	60 000 ,,
Bulgarien	171 000 ,,	28 350 ,,
den Niederlanden .	5 641 000 ,,	4 984 000 ,,
Belgien	23 930 ,,	926 847 ,,
Summe	36 520 930 kg.	39 265 997 kg.

Ausfuhr:

nach England . .	19 348 110 kg.	20 642 000 kg.
Frankreich	896 101 ,,	800 000 ,,
Belgien	2 628 660 ,,	2 372 000 ,,
Holland	2 898 000 ,,	3 071 662 ,,
Norwegen	83 000 ,,	97 662 ,,
Schweden	492 000 ,,	400 000 ,,
Summe	26 346 816 kg.	27 382 324 kg.

Im Jahre 1905 lagerten in den Hamburger Kühlhäusern etwa 64 800 000 Stück Eier mit einem Wert von annähernd 4 Mill. Mark.

Deutschland war durch die Abschließung vom Welthandel auch hier auf die eigene Produktion angewiesen. Trotz der strengen Rationierung konnte eine ausreichende Versorgung nicht durchgeführt werden. Die Verhältnisse auf dem Eiermarkt wurden durch die Aufrechterhaltung des Zwangssystems bis 1921 besonders unerquicklich. Erst die Stabilisierung unserer Valuta und der staatliche Aufbau der Ostländer

---

[1] Sonndorfer: der internationale Eierhandel.

ermöglichte allmählich, die alten Beziehungen wieder aufzunehmen. Geringe Mengen wurden in den ersten Nachkriegsjahren von den Niederlanden eingeführt, in 1000 kg erhielt Deutschland 1918 131 und im ersten Halbjahr 1919 179. Auch Dänemark sandte 1920 nach Deutschland 641 000 Stiegen Eier. Nach aller Voraussicht wird sich in den nächsten Jahren eine Änderung vollziehen. Dann wird Deutschland dieselbe ausschlaggebende Rolle im Eierhandel spielen, welche ihm als Verbraucher und Verfrachter ehemals zugekommen ist.

Aus den statistischen Aufstellungen dieser Abhandlung zeigt sich mit aller Deutlichkeit, daß die Nahrungsmittelbedürfnisse der modernen Großstadt nicht mehr durch die landwirtschaftlichen Erträgnisse des unmittelbar angrenzenden Landes befriedigt werden konnten. Die Verbesserung der Transportmittel ermöglichte auch entferntere Gebiete zur Deckung der Nachfrage heranzuziehen. Die vollständige Unabhängigkeit wurde aber erst mit dem Anwenden der Kälteindustrie erreicht. Ihr gelang es die zeitliche Spanne zwischen Produktion und Konsumtion beliebig zu erweitern und damit auch die örtliche Begrenzung der Produktionsstellen, wie sie in Thünens System festgelegt sind, zu überwinden. Die Nahrungsmittelversorgung hat dadurch ihren lokalen Charakter vollkommen verloren und ist zu einer Industrie von internationaler, weltumspannender Bedeutung geworden, die ein wichtiges Bindeglied der einzelnen nationalen Volkswirtschaften darstellt.

Neben der Transportzeit hat Thünen als gleichwertigen Faktor in seinen Berechnungen die Transportkosten eingeführt. Erst die Befriedigung dieser beiden Größen neben der technischen Eignung des Bodens brachte den vollen Erfolg für ein Wirtschaftssystem. Zur endgültigen Beurteilung für die erfolgreiche Verwendung der Kälteindustrie bei der Verbesserung der großstädtischen Lebensmittelversorgung müssen wir demnach noch die Kosten der Kältekonservierung festlegen, wozu das folgende Kapitel dienen soll.

III. Teil. Die Kosten der Kältekonservierung.

Die zu entscheidende Frage lautet:
Wie beeinflußt die Kühlhauslagerung den Preis des eingelagerten Produktes? Zur Beantwortung ist es notwendig, von vorhandenen Anlagen auszugehen und sich eine Betriebsperiode zu konstruieren, die mit den tatsächlichen Vorgängen möglichst genau zusammenfällt.

Von grundlegendem Einfluß auf die Bilanz eines Werkes ist die verwendete Antriebskraft. Es stehen im allgemeinen vier Betriebsmittel zur Verfügung: der Dampf, die Elektrizität, das Oel und Gas.

Das älteste Antriebsmittel ist der mit Kohle erzeugte Dampf, welcher auch heute noch in den meisten Werken als Betriebskraft verwendet wird. Die Dampfmaschine garantiert eine große Sicherheit und

Unabhängigkeit des Betriebes. Am günstigsten arbeiten die Dampfanlagen in großen Kühlhäusern, da hier auch noch für den Abdampf in
der Wasserdestilationseinrichtung und der Beheizung der Nebengebäude
eine rationelle Verwendung gegeben ist. Selbst kleinere Anlagen, wo
diese restlose Ausnützung der Betriebskraft fehlt, arbeiten nicht ungünstig mit einer Dampfmaschine. Die Vorteile bleiben bestehen, auch wenn
man bei der Anschaffung die höheren Kosten für die Kesselanlage und
den größeren Raumbedarf, den diese und der Kohlenbunker beansprucht,
in Rechnung setzt.

Bei neueren Werken wird als Betriebskraft vielfach der elektrische
Strom bevorzugt, da mit seiner Verwendung die Brennstoffversorgung,
die in den letzten Jahren bei uns in Deutschland außerordentlich schwierig war und auch in Zukunft ein beachtenswerter Faktor bleiben wird,
in Wegfall kommt. Die Schaffung großer zentraler Kraftanlagen wird
den Motorenantrieb immer wirtschaftlicher gestalten, zumal ein Kühlhaus
oder eine Eisfabrik durch den dauernd gleichmäßigen Stromverbrauch
ein idealer Stromabnehmer eines solchen Elektrizitätswerkes ist. Bei
den Wasserkraftwerken stellt sich noch als weiterer günstiger Faktor das
Zusammenfallen der größten Stromerzeugung mit dem höchsten Strom-
bedarf ein. In den Sommermonaten, wenn die Wasserführung der Flüsse
durch die Schneeschmelze am größten ist, und so der billigste Strom zur
Verfügung steht, herrscht auch im Kältebetrieb, durch die warme Tages-
temperatur hervorgerufen, der größte Kraftverbrauch. All diese Vorteile
lassen die Verwendung des elektrischen Stromes als Triebkraft sehr geeignet erscheinen. Außerdem spricht für den elektrischen Antrieb der geringe
Platzbedarf, da die Gebäude für Kesselhaus und Kohlenschuppen in
Wegfall kommen. Nachteile haben sich mitunter aus der Abhängigkeit von einer außenliegenden Zentrale ergeben, indem durch dortige
größere Betriebsstörungen die Kälteerzeugung längere Zeit aussetzen
mußte und die Gefahr der Kühlraumerwärmung bestand.

Neben diesen beiden Hauptbetriebsarten haben die Oel- und Gas-
maschinen abgesehen von den Ölländern, wie Amerika, nur geringe Bedeutung erlangen können. In Deutschland hat man den Ölmotor vor
dem Kriege als Antriebsmaschine öfters herangezogen. Jedoch stand
schon damals die Rentabilität bei den dauernd steigenden Betriebsmittel-
preisen sehr in Frage. Nach dem Kriege fällt er für uns vollkommen aus,
da die Preise für das Öl, das nur mehr vom Ausland bezogen werden
kann, nicht bestritten werden können. Als Reservemaschine hat er
sich dagegen überall sehr bewährt, da die Inbetriebsetzung keine zeit-
raubenden Vorbereitungen, wie z. B. das Anheizen eines Kessels notwendig macht. Die Gasmaschine hat sich in Europa wegen ihres teueren
und umständlichen Betriebes nicht einbürgern können. Auch da ist
Amerika das einzige Land, welches durch den Reichtum an Betriebs-
mitteln mit diesen Maschinen günstige Erfolge erzielt hat.

Die Betriebskosten für qm Kühlraum stellen sich für ein Kühlhaus von 1000 resp. 2000 u. 3000 qm Kühlfläche, einer Kälteleistung von —10 Grad Cel. Raumtemperatur und einer Betriebsstundenzahl von 54000 pro Jahr bei den verschiedenen Kohlen- resp. Strompreisen auf folgende Höhe:[1]

Die jährlichen Betriebskosten pro 1 qm Kühlfläche						
Grundfläche der Kühlräume	1000 m²		2000 m²		3000 m²	
Raumtemperatur Zahl der Betriebsstunden	—10° C 5400		—10° C 5400		—10° C 5400	
Betriebskraft	Dampf	Elektr.	Dampf	Elektr.	Dampf	Elektr.
Betriebsstoffpreise 10 M. pro Tonne Steinkohle	80,20	—	66,20	—	57,25	
15 M. pr. T. Kohle oder Strompreis 0.04 M. pro KW . . .	85,60	72,88	70,93	63,60	61,30	56,32
20 M. pr. T. Kohle; 0.06 M. pr. KW	90,00	81,52	75,65	71,70	65,35	63,52
25 M. pr. T. Kohle; 0.08 M. pr. KW	96,40	90,16	80,38	59,80	69,40	70,72
30 M. pr. T. Kohle; 0.10 M. pr. KW	101,80	98,80	85,10	87,90	73,45	77,92
35 M. pr. T. Kohle; 0.12 M. pr. KW	107,20	107,40	89,83	96,00	77,50	85,12

Zur Berechnung des Kohlenverbrauches sind folgende Beziehungen zugrunde gelegt. Um 1000 Kalorien Kälte zu erzeugen, hat man eine Dampfmaschinenleistung von 0,9 PS notwendig. Der Dampfverbrauch pro PS und Stunde stellt sich bei einer neueren Dampfmaschine auf 10 kg pro Pferdekraft. Die Verdampfung guter oberschlesischer Steinkohle kann mit 6 kg. Dampf pro kg. Kohle angesetzt werden. Es besteht daher die Gleichung, 650 Kalorien gleich 1 kg. Kohle.[2] Bei den großen Anlagen wird der Dampfbetrieb entschieden am wirtschaftlichsten. So betragen bei einem Kühlhaus von 2000 qm. Kühlfläche die jährlichen Betriebskosten pro qm Kühlfläche bei einem Kohlenpreis von 30 Mk. für die Tonne 85,10 Mk. für elektrischen Strom mit einem Preis von 0,10 Mk. pro KW.-Stunde 87,90. Dieses Verhältnis wird mit zunehmender Größe des Kühlobjektes immer günstiger für die Dampfanlagen. Bei einem Objekt von qm 3000 Kühlfläche liegt die Rentabilitäts-Grenze bei einem Kohlenpreis von 25 Mk. pro Tonne und 0,08 Mk. Strompreis pro KW. resp. 69,40 Mk. gegen 70,72 Mk.

Ein allgemein gültiger Schluß kann aus diesen Berechnungen nicht gezogen werden, da die Betriebsverhältnisse für jede einzelne Anlage verschieden sind. Stromtarife- und Frachtkostenänderungen können natürlich die Werte nach der günstigen, wie ungünstigen Seite verschieben. Soviel steht jedoch fest, daß ein großer Unterschied zwischen den Dampf- und elektrischen Maschinenanlagen eines Kühlhauses nicht besteht. Die Beobachtung gilt nicht nur für Deutschland, sondern ist in gleicher

[1] Kataneo, Die Wahl der Antriebmaschine für Kühlanlagen und Eisfabriken. Zeitschrift für gesamte Kälteindustrie 1918 3. Heft.
[2] Gramberg, Berechnungen und Untersuchung von Maschinen.

Weise für die anderen europäischen Länder maßgebend. In Amerika verschiebt sich das Bild insofern, als dort die Ölmaschinen die weitaus billigste Antriebskraft liefern. Eine Kostenberechnung für ein dortiges Eiswerk zeigt dieses ganz evident. Der Rechnung zugrundegelegt ist eine 100 Tonnen Eisanlage. Bei dieser Fabrik stellen sich die Kosten für eine Tonne Eis bei 216 tägigem Vollbetrieb im Jahre mit Dampf auf 5,5 Mark, mit Generatorgasmaschinen auf 4,9 Mark, mit Ölfeuerung auf 4,5 Mark und endlich mit Ölmaschinen auf 4,3 Mark.[1])

Unter Verwendung der bis jetzt festgestellten Tatsachen sollen nun die Kosten der Lagerung in einem Kühlhaus ermittelt werden. Die Untersuchung bezieht sich auf ein Fleischkühlhaus mit einer Kühlraumfläche von 3000 qm.[2]) Als Antriebsmaschine ist eine Kesselanlage vorhanden und die Kältemaschinen arbeiten nach dem Linde'schen Verfahren. Die Kosten für die Einlagerung sind 1. von der Lebensdauer der Anlage und 2. von der Beanspruchung des Kühlhauses abhängig. Je rascher die Gebäude und Maschinen abgeschrieben werden müssen, desto mehr steigen die Mietkosten für die Kühlräume. Da man es bei Kühlhäusern mit Dauereinrichtungen zu tun hat, verteilen sich die Amortisationskosten gewöhnlich auf eine längere Reihe von Jahren, wodurch die Lagerkosten nicht übermäßig erhöht werden. Von viel größerem Einfluß auf den Vermietungspreis der Räume ist die Dauer und Menge der Einlagerung des Kühlgutes. Zur Preisbestimmung muß das Einfrieren von dem einfachen Lagern unterschieden werden. Kommt das Fleisch in frischem warmen Zustand aus dem Schlachthaus, dann durchläuft es zuerst den Gefrierraum, um getrocknet zu werden und gleichzeitig gründlich durchzufrieren. Dieser Vorgang erfordert eine sehr große Menge von Kälte, da die Raumtemperatur durchschnittlich — 10 Grad Cel. betragen muß. Nach der Abkühlung, die, wie vorher erwähnt, je nach Größe des Stückes 3—4 Tage in Anspruch nimmt, kommt das Tier in den Lagerraum mit Temperaturen von — 1 bis — 4 Grad Cel. Die Herstellung dieser Temperaturen erfordert bedeutend weniger Maschinenarbeit, infolgedessen sind die Mietkosten der Lagerräume erheblich billiger, als die der Einfrierräume. Je intensiver der Mieter seine Räume während des Jahres belegt, desto geringer werden für ihn die Kosten. Aus Erfahrung weiß man, daß das Fleisch etwa 1—2 Monate sich im Kühlraum aufhält. Praktisch wird der Zugang und Abgang der Lagerräume ziemlich gleichmäßig verlaufen. Zur Feststellung des Kostenunterschiedes der verschieden langen Lagerung sei die Annahme gemacht, daß das Einbringen gleichmäßig erfolgt, bis alle Räume gefüllt sind, dann aber die Entleerung plötzlich stattfindet, sodaß kein besonderer Zeitaufwand dafür in Rechnung gesetzt zu werden braucht. Die Kosten-

---

[1]) Ice and Refr. Chicago 1921.
[2]) Kostenberechnung nach: Martin Krause, Die Kosten des Einfrierens und Lagerns von Fleisch. Zeitschrift für gesamte Kälte 1918 Heft 5.

berechnung wird für 2 Fälle durchgeführt, einmal findet jährlich 1 sechs-
maliger Wechsel und das andere Mal ein dreimaliger Wechsel der Lagerräume statt. Im 1. Fall bleibt das zuerst eingebrachte Fleisch 2 Monate
im Stapelraum. Das zuletzt eingelieferte passiert nur den Gefrierraum, sodaß man faktisch mit einer einmonatlichen Lagerfrist rechnen
kann. Im 2. Fall haben wir analoge Verhältnisse, hier beträgt die
durchschnittliche Lagerung 2 Monate.

Die Kosten zerfallen in 2 große Gruppen, solche, die unter allen Umständen in gleicher Höhe in der Rechnung erscheinen, und solche, die
von den jeweiligen Einlagerungsverhältnissen abhängen, also einen
variablen Wert darstellen. Unter den konstanten Kosten sind die Be-
träge aufzuführen, die für die Verzinsung und Entschuldung aufzu-
bringen sind. Die Kosten für Grund und Boden seien mit 200 000 Mark
angenommen. Der Wert der Gebäude und Maschinenanlage sei durch
die Summe von 680 000 Mark dargestellt und zwar entfalle auf den
maschinentechnischen Teil 310 000 Mk. Das gesamte angelegte Kapital
beträgt somit 880 000 Mark. Eine jährliche Verzinsung von 5 Prozent beträgt 44 000 Mark. Zur Festsetzung der Entschuldungssumme sei angenommen, daß die Lebensdauer der Anlage 20 Jahre betrage. Nach Ablauf dieser Zeit sollen die Gebäude bis auf einen Minimalbetrag abgeschrieben sein. Zwar kann bei sorgfältiger Leitung eine viel höhere Lebensdauer angenommen werden, jedoch sei in unserem Falle nach diesem
Zeitraum das Bedürfnis für ein Kühlhaus an dieser Stelle nicht mehr
vorhanden. Das Grundstück wird im allgemeinen seinen Wert nicht verlieren und kann bei der Berechnung außer Acht gelassen werden. Die
Gebäude mögen noch einen Wert von 70 000 Mark darstellen. Die Maschinen dagegen besitzen nach Ablauf dieser Betriebsperiode nunmehr den
Materialwert. Der Altwert betrage nach 20 Jahren 70 000 Mark. Es
muß also für die Entschuldung die Summe von 540 000 Mark in Rechnung gesetzt werden. Die Abschreibung soll so vorgenommen werden,
daß pro Jahr ein gleichbleibender Betrag zurückgelegt und verzinst wird.
Bei einem Zinssatz von 5 Prozent beläuft sich dann der jährlich zu erü-
rigende Betrag auf 16 300 Mark. Außer diesen beiden Posten ist noch
eine Summe für Steuern, Haftpflicht, Versicherungen etc. von 8000 Mark
anzusetzen.

Die variablen Kosten enthalten die durch den Betrieb selbst verur-
sachten Ausgaben. Ihre Höhe ist von der jeweiligen Lagerungsintensität,
welche die entsprechende Maschinenleistung erfordert, abhängig.
Einzelne Posten treten auch hier immer in dem gleichen Ausmaß in
Erscheinung, dazu gehört die für die Abkühlung der Frischluft erforder-
liche Maschinenarbeit. Erfahrungsgemäß ist hiefür die jährliche Kalorienzahl von 500 Millionen anzusetzen. Für die Erreichung des Kälte-
aufwandes, den das Einfrieren und Lagern des Fleisches erheischt,
ist die maximale Stapelmenge pro qm im Lager- und Gefrierraum aus-

schlaggebend, bei letzteren beträgt sie 200 kg pro qm gegen 700 kg pro qm im Lagerraum. Bei 6 maliger Füllung muß das Kühlhaus in 2 Monaten vollgestapelt werden können, infolgedessen ist die richtige Verteilung von Gefrier- und Lagerräumen notwendig. Letztere kann nach der Gleichung (Gesamtfläche — Gefrierraumfläche) × Belastung des Stapelraumes + Belegung des Gefrierraumes = Belegung des Gefrierraumes × Gesamtlagerzeit ermittelt werden; in vorliegendem Falle ist ein Gefrierraum von 940 qm und ein Stapelraum von 2060 qm erforderlich. Während der Gesamtzeit von 8,7 Wochen können durch den Gefrierraum 1 640 000 kg hindurchgehen. Die Summe ist 8200 Rindern zu 200 kg gleichzusetzen. Im Verlaufe eines Jahres werden 6 mal soviel also 49 200 Rinder gelagert. Zum Einfrieren eines Rindes sind 14 000 Kalorien notwendig, pro Jahr 690 000 000. Der gesamte Kältebetrag beträgt somit:

Wärmeeinstrahlung und Lufterneuerung 500 000 000
Einfrieren 690 000 000
Gesamtverbrauch 1 190 000 000 Kal.-Jahr

Zur genauen Feststellung der einzelnen Kühlhausvorgänge ist zu ermitteln, wieviel von der Kältemenge für Wärmeeinstrahlung etc. auf das Einfrieren entfällt. Dazu ist es notwendig, die 500 000 000 Kalorien nach dem Verhältnis der Raumflächen zu zerlegen. Es entfällt also auf das Einfrieren $\frac{940}{3000} \times 500\,000\,000 = 156\,000\,000$ Kalorien pro Jahr, für das Einfrieren braucht man 690 000 000
Summe 846 000 000 Kal.-Jahr.

Diese Kalorienzahl von der Gesamtverbrauchszahl des Jahres abgezogen, bleibt die Verbrauchszahl für die Lagerung übrig. Diese beträgt

344 000 000 Kalorien.

Zur endgültigen Preisbestimmung ist es notwendig, die Verhältnisse für das Einfrieren und Lagern festzulegen.

Einfrieren . . $\frac{846}{1190} = 0,71$

Lagern . . . . $\frac{344}{1190} = 0,287$

Die Berechnung des Kohlenpreises erfolgt auf der oben herangezogenen Gleichung. 650 Kalorien gleich 1 kg Kohle. Bei einem Kohlenpreis von Mk. 20.— pro 1000 kg kosten 100 000 Kalorien Mk. 3.—. Damit sind für den Kälteprozeß etwa 357 000 Mark aufzuwenden.

Als weitere Unkosten des Betriebes stellen sich die Gehälter und Löhne der Angestellten und Arbeiter ein. Zur Bedienung eines Kühlhauses sind eine erhebliche Zahl von Arbeitern notwendig, da der Betrieb mindestens 16 Stunden pro Tag durchgeht und so vom Maschinenpersonal in 2 Schichten gearbeitet werden muß. Das Personal setzt sich wie folgt zusammen: Dem Leiter der ganzen Anlage unterstehen zur Erledigung der kaufmännischen Arbeiten mehrere Büroangestellte. Für die Erledigung der technischen Aufgaben unterstützt ihn ein Maschinenmeister. Der Verkehr auf dem Hof und im Kühlhaus wird vom Wiegemeister und Hofmeister geordnet. Zur Bedienung der Kessel sind 2 Heizer notwendig, denen 2 Arbeiter zur Heranschaffung der Kohlen beigegeben sind. Für die Wartung der Kältemaschinen sind 2 Maschinisten erforderlich, außerdem noch 2 Hilfsmaschinisten, denen die Kontrolle der Nebenmaschinen wie Pumpen, Ventilatoren und Aufzüge obliegt. Außerdem muß ein besonderer Schlosser für die Reparaturen vorhanden sein. Endlich braucht man für die Aufzüge noch 2—4 Fahrstuhlführer. Die Kosten betragen somit:

Betriebsleiter	8000 Mk.
Büroangestellte	4400 ,,
Maschinenmeister	3000 ,,
Hofmeister	1800 ,,
Wiegemeister	1800 ,,
Heizer	3600 ,,
Kohlenkarrer	400 ,,
Maschinisten	3600 ,,
Reparaturschlosser	1800 ,,
Fahrstuhlführer	4800 ,,
Hilfsmaschinisten	3000 ,,
	36 200 Mk.

Der Verbrauch an Betriebsmaterialien wie Ammoniak, Öl und Putzmittel dürfte etwa 7500 Mk. pro Jahr betragen. Als letzter Unkostenposten sind noch die Auslagen für Reparaturen an Maschinen und Gebäuden zu berücksichtigen. Mit zunehmendem Alter der Anlage werden diese naturgemäß steigen. In der Rechnung kann man die Summe von 1100 Mk. ansetzen. Damit sind alle Ausgaben festgestellt, sodaß die Zusammenstellung folgendes Bild ergibt:

A. Variable Kosten:

1.	Kohlen	35 700 Mk.
2.	Leitung u. Bedienung	36 400 ,,
3.	Betriebsmaterialien	7 500 ,,
4.	Ausbesserung	11 000 ,,
		90 600 Mk.

B. Konstante Kosten:
1. Verzinsung . . . . 44 000 Mk.
2. Entschuldung . . . . 16 310 „
3. Allgemeine Unkosten . . . . . . 8 000 „

68 310 Mk.

Summe pro Jahr: 158 910 Mk.

Um eine Beurteilung der einzelnen Kosten zu ermöglichen, muß die Gesamtsumme auf die verschiedenen Vorgänge, wie Einfrieren und Lagern, verteilt werden. Es entfallen demnach auf ein Rind 3,25 Mk. Somit kostet das Einfrieren eines Rindes $3,25 \times 0,71 = 2,03$ Mk. Das Lagern $3,25 \times 0,29 = 0,94$ Mk.; auf den Quadratmeter bezogen stellen sich die Mietspreise: 1 qm im Durchschnitt 53,5 Mk. Ein qm Gefrierraum: $\dfrac{158\,910 \times 0,71}{940} = 121$ Mk.; ein qm Lagerraum $\dfrac{158\,910 \times 0,29}{2060} = 22,5$ Mk.

Der Preisaufschlag für das Lagern des kg Fleisches in einem Kühlhaus beträgt für einen einmonatlichen Aufenthalt 1,15 Pfg.

Für Fall 2 bleiben die konstanten Kosten wie bei Beispiel 1. Dagegen ändern sich die Betriebskosten. Vor allem ist eine andere Verteilung der Gefrier- und Lagerräume notwendig. Man kommt diesmal schon mit 530 qm Gefrierraum aus, sodaß für die Stapelung 2470 qm zur Verfügung stehen. Im Jahre werden 27 500 Rinder eingefroren, wodurch sich die Kohlenkosten auf 26 550 Mk. erniedrigen. Gleichfalls verringert sich das Konto der Löhne, da man bei dem verringerten Verkehr verschiedene Funktionen auf ein und dieselbe Person übertragen kann; es seien dafür 33 600 Mk. angesetzt. Für Betriebsmaterialien werden 5000 Mk. und für Ausbesserungen 8000 Mk. verbraucht.

A. Variable Kosten:
1. Kohlen . . . . 26 550 Mk.
2. Leitung etc. . . . . 33 600 „
3. Betriebsmaterialien . . . . . 4 500 „
4. Ausbesserung . . . . 8 000 „

72 650 Mk.

B. Konstante Kosten:
1. Verzinsung . . . . 44 000 Mk.
2. Entschuldung . . . . 16 310 „
3. Allg. Unkosten . . . . 8 000 „

68 310 Mk.

Summe pro Jahr: 140 960 Mk.

Die Einzelkosten betragen für: 1 Rind . . . . 5,10 Mk.

1 Rind einfrieren . . . . . 2,75 „

1 Rind lagern . . . . 2,40 „

1 qm Gefrierraum . . . . 1,43 „

1 qm Lagerraum . . . . 26,75 „

Hier beträgt der Preisaufschlag für das Lagern pro kg und Monat Mk. 1,20.

Obwohl in diesem Beispiel der Preisbildung nur Fleisch herangezogen wurde, so bleibt trotzdem auch für die anderen Lebensmittel die Bedeutung der errechneten qm Preise bestehen, da wir gesehen haben, daß es beim Lagern weniger auf das Gut selbst, sondern hauptsächlich auf den Ersatz der durch die Wärmeeinstrahlung verloren gegangenen Kältemengen ankommt. Für die Eier werden die Lagerpreise sogar noch etwas billiger, denn die Temperaturen der Kühlräume sind um 2—3 Grad höher als die des Fleisches. Der Preis des Eises wird durch den Kühlprozeß um etwa 0,5 Pf. pro Stck. verteuert. Der Endpreis des Marktproduktes wird nur in den seltensten Fällen durch die Kühlhausbehandlung so ungünstig beeinflußt, daß es neben den frischen Nahrungsmitteln nicht mehr konkurrenzfähig wäre. Bei den betrachteten Lebensgütern ist die Beeinflussung des Preises so gering, daß trotz der darauf ruhenden bedeutenden Transportkosten die frischen heimischen Lebensmittel wegen der ungünstigeren Produktionsbedingungen sich immer teurer stellen.

Damit ist der Beweis geliefert, daß die Kältekonservierung auch den zweiten Faktor der Thünenschen Wirtschaftsrechnung erfüllt und tatsächlich für die Lebensmittelversorgung der Großstädte ein ausschlaggebender Faktor geworden ist.

C. Schluß.

Die vorhergehenden Kapitel haben die Wichtigkeit der Kälteindustrie für die Lebensmittelversorgung der Großstädte eingehend dargelegt. Ehe die Kältemaschine auftauchte, fand die Beschickung des Stadtmarktes meistens noch in Form aus vorkapitalistischer Zeit statt. Das Anwenden der Kühlung hat dann viel dazu beigetragen, den hauswirtschaftlichen Charakter bei der Erzeugung der Nahrungsmittel zu beseitigen und die Entwicklung einer Nahrungsmittelindustrie sowie den modernen Handel mit ihren Produkten zu fördern. Die Kältemaschine erreichte diese Erfolge dadurch, daß es ihr gelang, verderbliche Stoffe auf ganz anderer Grundlage zu konservieren, als es bis dahin möglich war. Die Vorteile der Kaltlagerung bestanden kurz zusammengefaßt:

1. in dem Erhalten der schönen naturfrischen Form und Qualität des eingelieferten Gutes, und

2. in der Möglichkeit, beliebig große Quantitäten mit verhältnismäßig geringem Aufwand überall aufbewahren zu können.

Dadurch waren nun die Verbrauchsgüter vom Standort ihrer Erzeugung losgelöst und konnten überall zur Ergänzung des Bedarfes herangezogen werden. Dieses war die eine schwerwiegende Forderung, welcher die Lebensmittelversorgung der Großstadt stellte, und stets stellen wird, denn die kapitalistische Wirtschaftsweise der Gegenwart, welche vor allem die Bildung der Großstädte veranlaßt hat, ruft immer wieder das Mißverhältnis zwischen Volkszuwachs und Hebung des Bodenertrages hervor. In der Kaltlagerung mit ihren technischen Einrichtungen sehen wir eines der wirksamsten Mittel gegen dieses Hemmnis der Entwicklung. Deshalb wird die Kältekonservierung auch für die Zukunft ihr Anwendungsgebiet immer weiter ausdehnen, zumal in den west- und mitteleuropäischen Staaten bei der heutigen wirtschaftlichen Einstellung das System der Kaltlagerung gesteigerte Anwendung finden muß, denn in nicht allzuferner Zeit werden auch in diesen Ländern die Märkte, wie schon heute in England, ausschließlich auf die Einfuhr der Lebensmittel von fremden Produktionsstellen angewiesen sein.

Deutschlands Kälteindustrie fällt unter diesen Umständen die Lösung gewaltiger Aufgaben zu. Neben dem Beschaffen großer Kühlhäuser für die Bedarfsdeckung des eigenen Landes, muß sie den Bau von Anlagen übernehmen, die den Umschlagverkehr aus den östlichen Produktionsländern nach den westlichen Verbrauchsplätzen aufnehmen können. Gerade in dieser letzten Aufgabe liegen große Zukunftsmöglichkeiten, denn die volle Ausnützung des asiatischen Gebietes wird mit dem Ausbau des dortigen Eisenbahnnetzes fortschreiten und die Produkte der östlichen Landwirtschaft immer mehr auf den europäischen Märkten zu Konkurrenten der südamerikanischen Staaten machen.

Damit kann unser Vaterland, dem die menschliche Gesellschaft zum großen Teil die Errungenschaften der Kältemaschinen verdankt, auch weiterhin durch seine Kenntnisse und Erfahrungen in dieser Industrie zu seinem eigenen Nutzen und zum Vorteil der übrigen europäischen Staaten den friedlichen Ausbau der Handelsbeziehungen unterstützen und fördern.

Vollständige Titel der benutzten Bücher und Zeitschriften

Arvid M. Bergmann, A Review of frozen and chiled transoceanic meat Industry Almquist u. Wiksells Boktrykeri, Upsala und Stockholm.

Buch von den Früchten, Bäumen und Kräutern. Mainz 1498.

I. A. Ewing, Die mechanische Kälteerzeugung, autorisierte Übersetzung von R. C. A. Banfield. Druck und Verlag von Fried. Vieweg und Sohn, 1910.

P. Franzen, Die technischen Einrichtungen Deutschlands für Einfuhr, Lagerung und Vertrieb von Gefrierfleisch. Verlagsgesellschaft der Hanseat Bremen. 4. Jahrg. Heft 10/11.

A. Gramberg, Maschinen-Untersuchungen und Verhalten der Maschinen im Betrieb. Julius Springer, Berlin 1918.

Georg Göttsche, Die Kältemaschine und ihre Anlagen. Verlag für Kälte-Industrie, Hamburg 1912—15.

Handbuch der Architektur. Darmstadt 1891.

Karl Helfferich, Der deutsche Volkswohlstand 1888—1913.

Johannes Janssen, Geschichte des deutschen Volkes seit Ausgang des Mittelalters. Herdersche Verlagsbuchhandlung, Freiburg i. Br. 1923.

Martin Krause, Die Kosten des Einfrierens und Lagerns von Fleisch.

G. L. Kriegk, Geschichte von Frankfurt am Main. Frankfurt 1871.

Karl v. Linde, Aus der Geschichte der Kälteindustrie. Verlag Julius Springer, 1918.

Karl Manelin, Finnlands Smörexport. Helsingfors 1911.

G. L. v. Maurer, Geschichte der Städteverfassung in Deutschland. Erlangen 1869—71.

Richlet, Industria de Carnes en la Republica Argentina.

E. Salin, Die wirtschaftliche Entwicklung von Alaska. Tübingen 1914, Archiv für Sozialwissenschaft und Sozialpolitik.

Paul Sander, Geschichte des deutschen Städtewesens, Bonner Staatswissenschaftliche Untersuchungen Heft 6. Kurt Schröder, Bonn-Leipzig 1922.

G. Schmoller, Die historische Entwicklung des Fleischkonsums sowie die Vieh- und Fleischpreise in Deutschland, Zeitschrift für die gesamten Staatswissenschaften 27. Band 1871.

G. Schmoller, Grundriß der allgemeinen Volkswirtschaftslehre, 1901.

Johann Heinrich von Thünen, Der isolierte Staat in Beziehung auf Landwirtschaft und Nationalökonomie. Hamburg 1826 bei Friedrich Perthes.

Fleischeinfuhr, Volksernährung und Landwirtschaft, Denkschrift herausgegeben vom Fachausschuß für Fleischversorgung E. V. Hamburg 1924.

Der Fischmarkt Altona im Kalenderjahr 1924, Norddeutsche Fischereizeitung, Jahrg. 16, Heft 5.

Deutsche Fischereizeitung

Weddels Jahresbericht für 1923 über den Weltgefrierfleischhandel, 36. Bericht.

Zeitschrift für Gesamte Kälteindustrie.

Ice and Cold Storage, London.

Ice and Refrigeration, Chicago u. New York.

Third International Congress of Refrigeration, Chicago 1913.

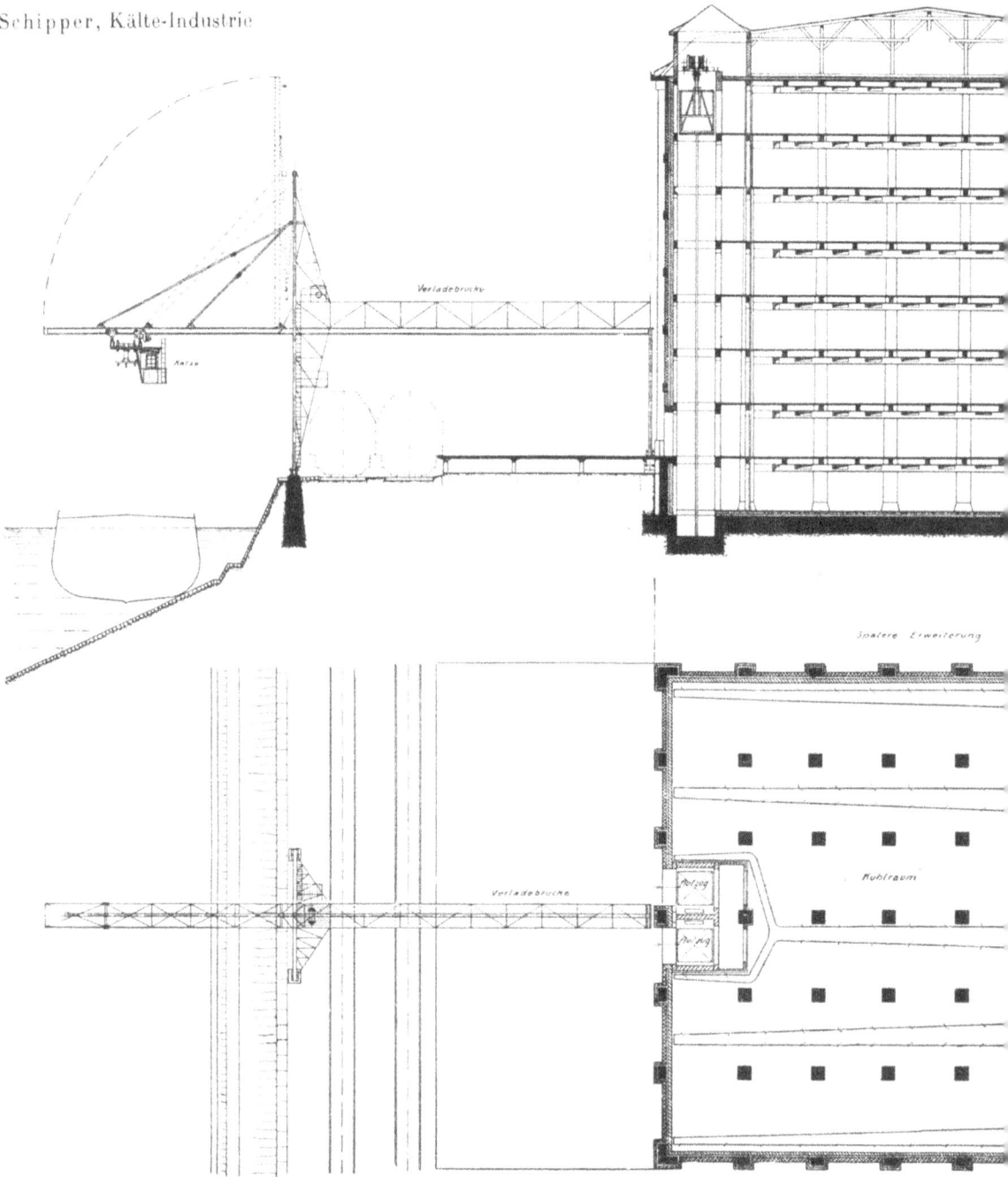

Verladebrücke

Kaize

Spätere Erweiterung

Verladebrücke

Aufzug

Kühlraum

Druck und Verlag von R. Oldenbourg, München und Berlin.

Blockeisfabrik Köln von Gottfr. Linde G.m.b.H. Werk II,

Hafenkühlhaus Köln-Deutz,

Rheinallee 14-18.

Kühl-und Eiserzeugungsanlage.

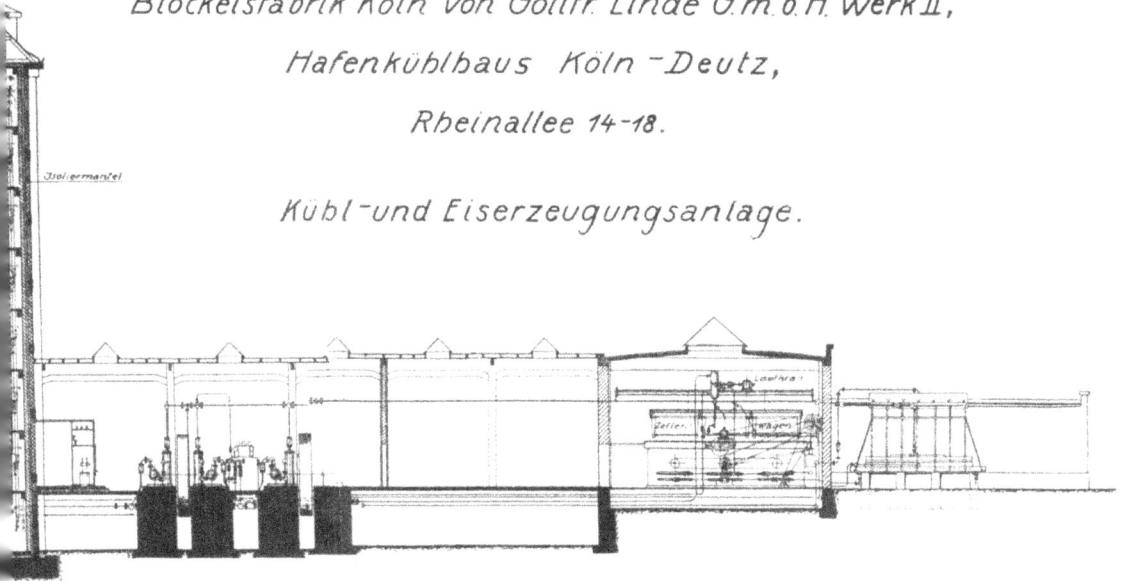

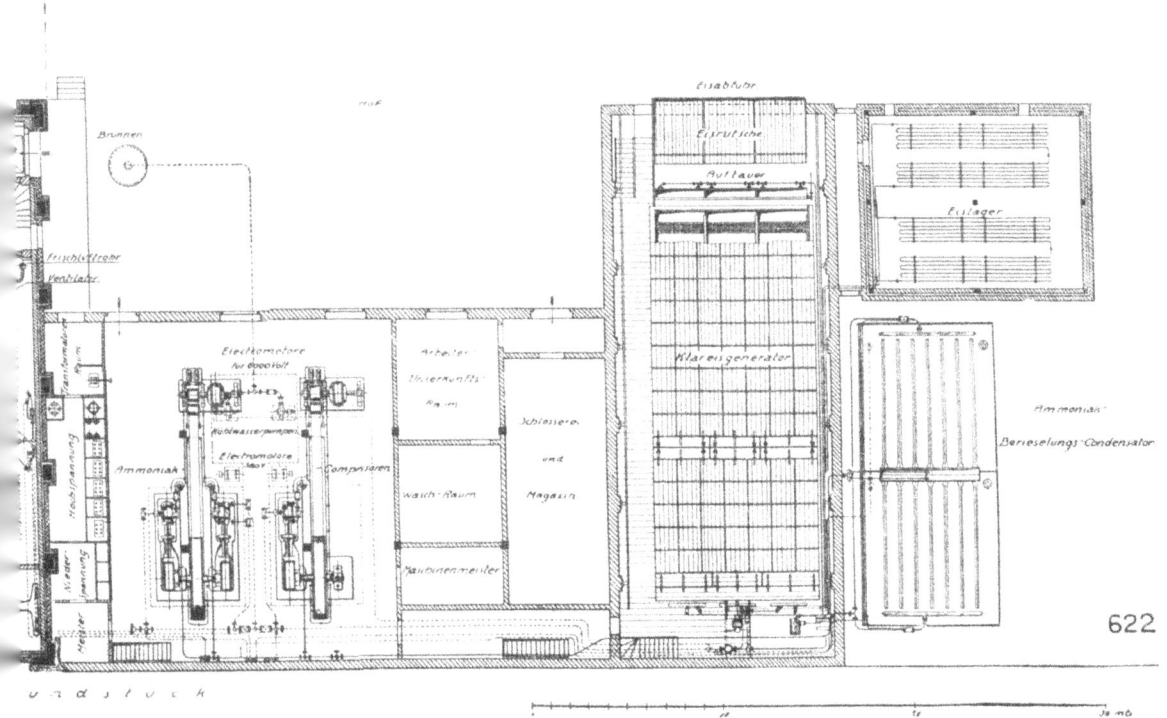

622

www.ingramcontent.com/pod-product-compliance
Lightning Source LLC
Chambersburg PA
CBHW081520190326
41458CB00015B/5419